{ 벅찬 감동으로 세계를 만나다 }

버킷리스트를 찾아 떠난 여정

글·사진 박용득

South America
Switzerland
Germany
Korea

맑은샘

마테호른 (4,478m)

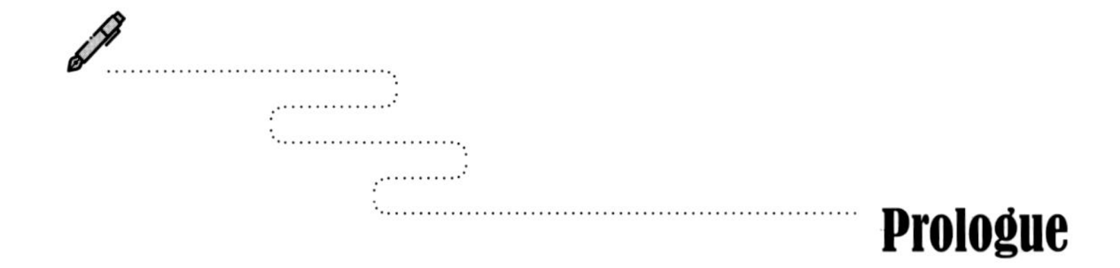

Prologue

이제 나이 80세가 되었다. 적지 않은 나이이다. 그러나 나는 열려있는 길을 향하여 걷고 싶다. 흔히 나이 들면 돌발 상황이 발생할지도 모른다고 집 주변에 머물러 있어야 한다고 한다. 맞는 말이기도 하다. 그렇지만 머물러 있는 곳을 떠나 새로운 자연, 역사 유물, 풍습 속에서 짧은 기간이지만 지내고 싶은 욕망이 있다. 나이는 들었지만 내 안에는 길을 떠나 찾아가 보고 싶은 여행지가 있다.

여행길은 아내와 둘째 딸이 동행하는 가족 여행이다. 둘째 딸 선영이는 몸은 건강하나 정신지체 장애우로 태어나 정신 연령은 5~6살 수준이다. 내가 현역 중에는 주로 복지 시설에서 생활하였다. 지금은 집에서 함께 지내고 있다.

여행하며 새롭고 이색적인 세계와 자연을 보고 느끼며 낯선 사람들과 어울려 통하지 않는 대화를 하면서 인지 능력이 많이 좋아졌다. 이제는 집에서 함께 생활하기에 지장이 없을 정도가 되었다. 우리 가족이 여행을 떠나는 이유이고 보람이며 행복의 길이다.

누군가 말했다. 행복은 지극히 주관적이지만 그래도 행복의 조건을 정의한다면 자신이 사랑하는 사람과 함께 있는 것, 자신이 좋아하는 일을 하는 것이라고.

나의 인생 후반기에는 늘 사랑하는 가족과 함께 좋아하는 여행을 하며 세계 여러 곳의 버킷리스트Bucket List 여행지를 찾아다녔다. 삶이 행복을 추구하며 나아가는 것이라면 나는 행복하게 살아가고 있는 편이다. 나이 80세이지만 아직도 내 안의 열정은 사그라지지 않고 있다. 버킷리스트 여행지가 아직도 남아있기 때문이리라. 그곳을 향하여 가족과 함께 나아가는 희망을 품고 지내고 있다.

가족 여행을 하면서부터 일상생활이 여행과 관련된 생활로 많이 바뀌었다. 체력 관리, 어학, 역사, 인문학 공부를 꾸준히 하게 되고 1년 전부터 여행 계획을 준비하면서 기대에 부푼 하루하루를 즐겁고 행복한 마음으로 지낸다.

나이 들면 대부분의 사람들은 변화되는 생활보다는 현실에 안주하려는 경향이 있다. 어제가 오늘이고 오늘이 내일이 되는 하루가 반복되는 삶으로 인생을 그저 흘러가는 것으로 받아들인다.

여행길에서는 예기치 않은 상황으로 고통을 겪기도 한다. 그러나 고난을 해결하고 극복해 가면서 나를 믿는 자신감이 생겼다. 고난도 아름다운 추억으로 자리하고 있는 것을 깨닫게 된다. 다른 풍광, 신비, 풍습, 사람들을 만나면서 새로운 하루가 되어 매일 새로움이 내 영육에 채워지는 것을 느낀다.

다름과의 만남은 긴장이 되기도 하지만 관심과 호기심으로 활력이 넘치는 새로운 하루를 시작하게 한다. 여행이 나에게 주는 기회이고 선물이다.

2016년도에 발간한 책 《북노르웨이 렌트카 여행》은 나의 버킷리스트 여행지인 유럽 최북단 노르카프를 향한 여정이었다. 이 지역을 여행한 후 여행자들에게 도움이 될 수 있는 노르웨이 지역의 여행 루트와 정보를 포함하여 여행길에서 만난 이야기를 수록하였다.

80세를 맞는 기념으로 발간하는 이 책에서는 2017년 렌터카로 자유 여행한 스위스, 독일의 여정과 2019년 한 달간 남미 5개국 여행길에서 만나 겪었던 이야기를 비롯하여 2018년 제주도에서 1년살이 한 경험과 동해, 남해 지역의 국내 여행기를 함께 수록하였다.

이 책에는 나의 버킷리스트 여행지에 포함된 마테호른, 몽블랑 등 알프스의 산들과 마을, 독일의 노이슈반슈타인성과 중세 도시, 남미의 우유니 소금 사막, 잉카 문명 발생지, 안데스산맥의 국립 공원, 최남단 비글 해협의 우수아이아, 이구아수 폭포를 찾아 떠났던 즐거우면서도 힘들었던 여정이 담겨있다.

여행은 한 번 갔다 왔다고 끝나는 것이 아니다. 여행기를 쓰고 사진을 정리하여 발간 준비를 하는 동안은 내내 여행을 하는 기분이다. 더욱이 발간된 책을 보면서 생생하게 떠오르는 추억은 내가 밟았던 여행지를 다시 걷게 한다.

누군가 한 말이 생각난다. 여행기란 여행의 성공이라는 목적을 향해 집을 떠난 사람이 여러 시련을 겪다가 원래 성취하고자 했던 것과 다른 어떤 것을 얻어서 출발점으로 돌아오는 것이라고….

그러나 나는 가족과 함께 렌터카로 자유 여행하기 위하여 치밀하게 여행계획을 세워 큰 차질 없이 여행을 다녔다. 나이 들어 젊은이같이 현지에서 부딪치는 난문제를 현장에서 해결해 가며 여행하기에는 무리이다. 예상되는 난관을 최소화하고 예견한 난관은 사전 준비하여 여유롭게 해결하며 다녔다. 예상치 못한 고통을 겪었지만 비교적 순조로운 여정으로 신비로운 자연 경관과 역사적 건축물, 생활 풍습과 접하면서 많은 깨달음과 배움이 있었다.

이 책에서는 여행 중 겪은 시련을 간과하지 않았지만, 주로 감탄하고 다름과 만나는 과정에서 느낀 감동적인 이야기를 많이 실었다.

은퇴 후 여유롭게 떠나는 여행은 인생 후반기 삶을 새롭게 이끌어주고 있다. 이제 나이가 나이이고 나의 여행 버킷리스트도 어느 정도 달성하였기 때문에 먼 지역 여행은 선뜻 나서지는 않겠지만 가까운 이웃 나라나 국내 여행은 건강이 허락하는 한 계속할 것이다.

미국 시인 마야 안젤루는 '인생은 숨을 쉰 횟수가 아니라 숨 막힐 정도로 벅찬 순간을 얼마나 많이 가지는가로 평가된다'고 했다.

여행길 낯선 곳에서는 벅찬 감동으로 가슴 뛰는 순간도 많았고 가슴 저린 고난의 순간도 있었다. '여행은 내가 떠나는 것이지만 여행이 나를 만든다'고 하는 말이 그대로 받아들여졌다.

아직도 호기심과 바람으로 가슴이 뛰고 있다. 뛰는 가슴을 안고 열정적으로 살고 싶다. 이 열정의 동력이 여행이다.

오디세우스가 자신의 고향 이타카로 귀향하며 겪은 험난한 과정이 진정한 자신을 만들어 주었다고 했듯이 여행은 나를 만들어 가는 인생 여정 그 자체이다.

초고가 나오자 정성껏 읽고 교정하여준 박창성 친우에게 고마운 마음을 전한다. 또한 출판사 휴앤스토리 맑은샘의 김양수 대표와 편집진의 수고에 감사드린다.

이 책이 열정적인 삶을 살아가려는 이들에게 도움이 되었으면 한다.

2020년 4월

박용득

Contents

Part 01

남미 여행

잊힌 잉카 문명과의 만남

잉카 제국의 수도였던 쿠스코의 아르마스 광장은 해발 고도 3,400m나 되는 고산 지대에 있다. 쾌청한 날씨이지만 고산병 증세로 인해 어지럽고 숨이 가빠 걸어서 광장 주변을 돌아보기조차 힘들었다. 하지만 이곳에 사는 주민들은 고산 지대 환경에 적응이 되어서인지 전혀 불편 없이 일상생활을 하고 있었다.

아르마스 광장

우리(나, 아내, 둘째 딸)는 고산병을 참고 견디며 광장 주변의 고색창연한 대성당과 메르채 수도원, 로렛트 길 등의 잉카 문명의 유물이나 흔적과 스페인 식민지 시대에 세워진 건물들을 돌아보며 다녔다. 스페인 정복자 피사로는 이 도시를 함락한 후 500년 역사의 잉카 제국의 건물들을 파괴하고 그 위에 성당과 건물들을 지었다. 그러나 주춧돌은 그대로 보존되고 있어 슬픔을 머금고 있는 잉카 문명의 단면을 보는 것 같아 마음이 서글펐다.

커다란 바윗돌을 4각형으로부터 12각형으로 다듬어서 쌓은 석축이나 잉카 왕국의 길인 로렛트 거리Calle Loreto 양쪽으로 정교하게 쌓아놓은 석축은 600년이란 긴 세월의 풍상을 견디며 한 치의 흐트러짐 없이 잉카 제국 영고의 역사를 간직한 채 견고하게 버티고 서 있었다.

로렛트 거리

한 치의 빈틈 없는 12각의 돌

아르마스 광장에서 남동쪽으로 내려가 산토도밍고 성당으로 들어갔다. 이 성당은 잉카 왕국 태양의 신전이었던 코리칸차 건물을 허물고 스페인 정복자들이 그 초석 위에 세운 것이다.

산토 도밍고 성당

이곳도 잉카 시대에 쌓은 정교한 석축이 그대로 남아있어 관광객들로 붐볐다. 성벽처럼 직선으로 석축을 쌓아 기둥을 세우고 창문을 낸 것이 정교하다. 여기에서 태양신을 모시는 축제가 시작되어 아르마스 광장을 거쳐 사크사이우만에서 마무리했다고 한다.

아르마스 광장에서 동쪽으로 가니 석벽으로 둘러싸인 아틀 루미요크 거리가 나왔다. 이 거리에도 종이 한 장 끼울 수 없이 정밀하게 12각 돌로 쌓은 석조 건축물을 볼 수 있었다. 이 돌은 잉카의 달력인 12달을 표현한다고 하고 황제 가족의 수를 상징한다고도 한다.

이러한 잉카 시대의 석축이나 건물을 보며 잉카인들은 토기장이 흙을 다루듯 석재를 자유자재로 다룬 석조 기술이 뛰어난 민족이었으리라고 믿어진다.

우리 일행은 쿠스코 시내를 자유롭게 돌아보고 아르마스 광장에서 만나 우루밤바로 내려가게 되어있었다. 그런데 젊은 한 부부가 약속된 시간이 지났지만 나타나지를 않는다. 버스는 오래 정차해 있을 수 없다며 시내를 몇 번 돌았다. 그 부부는 한참 후에야 나타났는데 부인이 초주검 상태이다. 쇼핑을 좋아하는 부인이 이곳저곳을 바삐 돌아다닌 모양이다. 고지대에서는 천천히 다녀야 하는데 무리를 한 것 같다. 숨을 제대로 쉴 수가 없고 두통이 나서 누워있었다고 한다. 이 여자는 볼리비아 여행 중에도 많은 고생을 하였다. 초기에 고산병 관리를 잘못하여 즐거워야 할 여행을 한동안 고통과 두려움으로 보냈다.

쿠스코에서 1,000m를 내려가 우루밤바의 호텔에 짐을 풀었다. 다음날 잉카 제국의 공중 도시인 마추픽추로 가기 위해 오얀따이 탐보에서 페루 열차를 탔다. 날씨는 구름이 끼였다 개였다 하면서 가랑비가 내리기도 하고 햇빛이 나기도 하였다. 2,430m 산 정상에 자리 잡은 불가사의한 마추픽추는 흐린 날씨 속에서도 그 모습을 다 보여주었다.

현지 가이드는, 이곳은 태양 신전을 모시는 곳으로 평소에는 100여 명이 주거하면서 신전을 관리하며 밭갈이를 하고 경계를 서며 살고 있지만 태양신을 모시는 행사 때는 만여 명의 사람들이 주변 지역과 쿠스코에서 산길 루트를 타고 모여든다고 설명해 주었다.

그들의 역사적 건축물들을 확인할 기록물이 없다는 것이 못내 아쉬웠다.

마추픽추

모라이의 원형경작지

잉카 시대의 계단식 원형 경작지가 있는 모라이Moray에 갔다. 3개의 비슷한 형태의 원형 경작지가 주변에 있었다. 고산병 증세로 숨이 찼지만 3곳을 다 돌아다녀 보았다. 이곳은 잉카인들의 농작물 실험장으로 배수 시설이 계단별로 섬세하게 잘 되어있고 계단별로 농작물 품종을 실험한 곳이라고 한다. 감자 품종만도 무려 3,000여 종이나 되었으며 실험 재배된 품종은 잉카 제국의 전역에서 생산하였다고 한다.

스페인은 잉카제국으로부터 금, 은만 가져간 것이 아니다. 감자, 옥수수, 토마토, 고추, 키위 등의 농작물을 잉카 제국과 남미 국가에서 유럽으로 가져가 전파하였다고 한다. 모라이는 작은 원형 계단식 경작지로 과학적인 농작물 실험장이었다.

해발 3,500m 고산 협곡에 만들어진 살리네라스Salineras 염전 지역

살리네라스 염전

에 갔다. 대략 600년 이상 된 염전으로 지금도 소금을 생산하여 팔고 있었다. 3,500m 이상의 안데스산맥의 고산 지대 암반을 뚫고 흐르는 염기가 있는 물을 이용하여 만든 염전으로 물맛이 짭짤하면서 단맛이 났다. 미네랄이 풍부하기 때문이라고 한다.

바다의 염전, 소금 광산은 여행하며 봤지만 바다가 지각 변동으로 생성된 고산 지역 산에서 흐르는 물을 이용하여 바다 염전과 비슷한 방법으로 소금을 생산하고 있는 것은 처음 보는 일이다. 참으로 놀라운 잉카인들의 삶의 지혜에 감탄하지 않을 수가 없었다.

쿠스코의 동쪽을 지키는 요새인 사크사이우만Sacsayhuman에 갔다. 이곳은 종교적인 곳인지 요새인지는 불확실하나 쿠스코는 도시 전체

쿠스코 시가지

가 퓨마의 형태인데 사크사이우만은 퓨마의 머리 부분에 해당한다고 한다. 잉카 사람들은 하늘은 천상의 신인 콘도로가, 땅은 지상의 신인 퓨마가, 땅속은 지하의 신인 뱀이 지배한다고 믿었다. 그래서 시가지가 퓨마 형상의 쿠스코는 머리 부분에 해당하는 사크사이우만이 군사적 요충지이기 때문에 이곳에서 축제를 마무리했다고 한다.

요새 정상에서 바라본 쿠스코는 옛 잉카 제국의 수도답게 고산 지역과 분지에 주홍색 건물이 넓게 빽빽이 들어서 있었다.

사크사이우만의 거대한 바위 돌을 보면서 어떤 수단과 방법으로 이 언덕까지 옮겨와 거대한 돌로 3단의 축대 형태 석조 건축물을 정교하게 쌓았는지 상상할 수가 없었다.

사크사이우만의 석조

쿠스코 시내와 주변 지역을 돌아다니다 보니 잉카의 문명 흔적과 스페인 가톨릭 문화와 현세를 살아가는 인디오들 생활을 한 번에 다 본 셈이 되었다. 중세와 근대와 현대 문명이 어우러진 쿠스코 여행은 역사에 대한 인식에 많은 여흔을 남겨주었다.

잉카 제국의 문명은 13세기부터 16세기 중엽에 쿠스코 지역을 중심으로 번영했다. 한때는 콜롬비아, 페루, 볼리비아, 칠레 북부까지 이어진 남북 길이 4,000㎞에 이른 800만의 인구를 거느린 대제국이었다. 당시 수도 쿠스코에는 100만 명의 주민이 거주하였다고 한다.

1533년 스페인 용병 출신의 프란시스코 피사로의 180명밖에 안 되는 병사들에 의해 8만 명의 병사를 보유한 잉카 제국이 무너진 것은 쉽게 이해가 되지 않았다. 그러나 그 내부 사정을 들여다보면 알 것도 같았다. 그 후 호세 가브리엘 콘도르칸키Jos Qabriel Condorcanqui가 잉카 독립운동을 일으키지만 뜻을 이루지 못하고 1781년 39세의 나이로 스페인군에 붙잡혀서 사지가 찢기는 처형을 당하고 말았다. 그는 죽어가면서도 언젠가는 반드시 돌아와 스페인에 복수하겠다는 말을 남겼다.

잉카인들은 자신들을 위해 죽은 콘도로칸키의 영혼을 콘도로가 부활해 줄 것이라고 믿었다. 페루 작곡가 다니엘 알로미아스 로불레스Daniel Alomies Robles는 이러한 콘도로칸키의 죽음을 기리기 위해 1913년 콘도로칸키를 작곡했고 잉카의 혼이 담겨있는 이 노래는 페루의 민요가 되어 거리 곳곳에서 연주되고 있었다.

오, 안데스의 위엄 있는 콘도르여

나를 저 위 안데스의 고향으로 데려가 주오 콘도르여 콘도르여
내가 가장 사랑하는 그곳으로 돌아가
내 잉카 형제들과 함께 살고 싶다오
그것은 내가 간절히 바라는 것이라오 콘도르여 콘도르여
잉카의 중앙광장에서 나를 기다려주오
우리 함께 마추픽추와 와이나픽추까지 걸어 올라갈 수 있도록

역사는 승자의 기록이라고 한다. 내가 이번 남미 여행 중에 가진 의문은 이들 국민의 국가 인식이었다. 남미 대부분 국가가 콜럼버스가 신대륙을 발견한 후 점령되어갔다. 콜럼버스가 신대륙에 도착하여 그가 처음 만났던 원주민은 그를 받아들일 만큼 매우 친절한 사람들이었다.

그래서 콜럼버스는 일기장에 이렇게 썼다.

"이들은 신의 백성이다."

그의 언어로는 '인디오스In Dios'이다. 나중에 's'가 떨어져 나갔고 인디오에서 인디언으로 불리게 되었다. 원래는 '신의 백성'이라는 의미였다. 콜럼버스 후에 온 피사로는 잔인하게 '신의 백성'을 말살시켜 나가며 원주민을 몰아내고 유럽인들이 이주해 살아가면서 옛 문명을 파괴하고 새로이 국가를 건설하였다.

잉카 제국의 영광과 찬란한 문화를 창조한 인디오들은 침략자들에 의해 파괴되고 무참하게 살해되어 역사 속으로 사라졌다. 하지만 그 후손들은 흥망의 역사를 지닌 채 지금도 그 땅에서 살아가고 있는 것은 엄연한 사실이다.

이에 1492년으로부터 600여 년이 흘러간 지금의 페루 인구 분포가 궁금하여 알아보았다. 인디오가 52%, 메스티소(원주민과 스페인 혼혈) 32%, 유럽계 12%, 기타 4%의 비율로 구성되어 있다. 이들 인종 중 메스티소는 남미 국가들의 독립운동을 주도한 핵심층이 되었고 과반수를 차지하고 있는 인디오들은 주로 하층민으로 전락하여 살고 있다.

국가의 제반 정책은 유럽에서 교육받은 메스티소와 유럽계 집단에 의해 결정되고 있는 것 같았다. 메스티소와 유럽계의 후손들이 600여 년간 국가의 정책 결정을 좌우하며 갖은 수탈과 핍박으로 잉카 문명은 묻혀버린 과거의 한 역사로 인식되게 만들었다.

나는 여행지에서 현지 르포식으로 인구의 52%, 32%를 차지하고 있는 인디오들이나 메스티소가 잉카 문명의 흥망사에 대해 어떻게 인식하는지를 현지 가이드와 인디오, 그 지역에 사는 한인들을 만나

인디오들과 선영

물어보며 다녔다. 여기서 얻은 결론은 그들은 역사 그 자체를 그대로 받아들이며 살고 있다는 것이다.

관광객에게 현대 과학으로도 풀 수 없는 조상들의 관개 수로 기술, 돌을 다루는 건축 기술, 구리를 강도 높은 쇠처럼 제련했던 기술을 자랑스럽게 소개하고 있지만, 관광객들에게 물건을 팔고 그들의 전통 의식을 재현하는 모습을 보며 연민의 정이 느껴졌다.

더욱이 잉카인들의 문자가 없어 그 고도화된 비법이 전수되지 못하였다는 것이 너무나 아쉽고 안타까웠다.

우리가 우리나라 역사를 인식하고 있는 것과 맥을 같이하는 것 같다. 우리는 신라, 백제, 고구려, 고려, 조선에 대하여 특별한 의식 없이 역사 그 자체로 받아들이고 있지 않은가?

역사는 흘러가는 것. 시간의 흐름 속에 과거 잘못되었던 역사도 역사이고, 잘된 역사도 역사이다.

승자의 기록이 역사 그 자체인 것을 재확인하는 여행이었다.

우리나라는 보수와 진보로 나누어 정권을 잡고 국가를 이끌어 가고 있다. 지금 정권을 잡은 진보, 좌익 쪽은 보수의 역사를 적폐 청산으로 보고 역사 고쳐 쓰기를 하고 있다. 정권을 잡은 지 3년밖에 지나지 않았지만 국민들의 의식은 관제 언론에 나오는 보도를 비판 의식이 무디어지면서 자연스럽게 받아들이고 있다. 5년, 10년의 세월이 흐르면 바뀐 역사를 그대로 받아들이고 당연하게 인식할 것이다.

역사는 세월의 흐름 속에 순리로 받아들이지만 무서운 시간의 흐름이다. 젊은이들의 의식 자체가 세월의 흐름 속에 현혹되고 세뇌되어 가는 것을 보는 마음이 무겁다.

앞으로 이들이 이끌어 갈 나라가 발전의 길로 갈 것인가, 쇠락의 길로 갈 것인가? 여행 중 남미 역사의 현장을 보며 느껴지는 두려움이다.

세월은 역사를 만들며 흘러간다. 역사는 승자의 기록이라고 하지만 꾸며진 역사는 후손들에 의해 바르게 교정되면서 과거에 얽매이지 않고 현재와 과거를 이해하게 한다. 역사는 끊임없이 재해석되는 속성을 품고 있기 때문이다. 역사는 쉬지 않고 새로운 역사를 창조하며 발전해 가고 있는 것을 실감한 여행이었다.

삶을 회상시켜준 볼리비아 여행

볼리비아의 우유니 소금 사막은 세계에서 가장 넓은 소금 사막이다. 해발 3,650m 고지에 있는, 동서 120㎞, 남북 100㎞, 면적이 10,582㎢로 우리나라 강원도만 하다.

지평선 끝까지 펼쳐있는 하얀 소금 사막에는 물이 얕게 차 있어 하늘과 구름이 호수에 담겨 대칭을 이루고 있었다. 우기에는 지평선인지 수평선인지 구별이 되지 않는 신비로움을 보여주고 있다.

우유니 소금사막

지각 변동으로 솟아오른 바닷물이 산악 주변 분지 지역에 갇혀 호수가 되었고 이 호숫물이 증발하여 넓고 평평한 소금 사막이 된 것이다. 가장 깊은 곳은 소금의 두께가 120m로 무려 100억 톤이 넘는 소금이 쌓여 있다고 한다.

이번 남미 여행을 계획하면서 볼리비아는 남미 국가 중 가장 빈곤한 나라이기에 별 관심을 두지 않았다. 그러나 신비스러운 우유니 소금 사막을 직접 가보고 싶은 마음이 앞서 이 지역을 여행하게 되었다.

볼리비아 수도 라파즈 공항에서 50분을 비행하여 우유니에 도착하였다. 산이라고는 찾아볼 수 없는 황량한 고원 벌판 활주로에 내렸다. 비행장을 나오니 랜드 크루즈 5대가 기다리고 있었다. 차량 1대

우유니 외곽지대에 버려진 기차

에 4명씩 타는데 우리 차량에는 가족 3명만 탔다. 딸은 빨간 지프가 좋았는지 얼른 앞좌석에 먼저 앉아 우리 부부는 뒷좌석에 앉았다.

미국 서부 영화에서나 볼 수 있는 황량한 풍경의 우유니 마을을 지나 녹슨 기차들이 여러 대 모여 있는 기차 무덤이라는 곳으로 갔다. 오랜 세월 동안 방치되어 있어 녹이 슬고 황폐하기까지 한 낡은 기차들을 배경으로 관광객들이 사진 촬영을 하고 있었다. 과거 소금과 은 등을 실어 나르던 기차가 광물 자원이 고갈되어 용도가 사라지자 우유니 외곽에 버려진 것이다.

우리도 사진 몇 장을 찍은 후 소금을 가공하고 소금으로 만든 다양한 기념품을 파는 콜차니 염전 마을을 둘러본 후 소금 사막 입구에 있는 호텔로 들어갔다.

호텔은 겉보다 내부가 럭셔리하게 잘 꾸며져 있었다. 건물 내 테이블, 침대, 의자 등은 모두 소금으로 만든 것이지만 전혀 이질감이 느껴지지 않았다. 방에는 넓은 트윈 침대 2대가 비치되어 있었고 깨끗하기도 하여 기분이 상쾌하였다.

소금으로 만들어진 호텔 방

랜드크루즈로 물에 찬 소금사막에 들어가다.

가이드 말을 듣고 짐만 풀고 나가니 장화를 나누어주었다. 소금 사막은 얕게 물이 차 있어 랜드 크루즈는 속도를 내지 못하고 천천히 소금 사막 안으로 들어갔다.

어린 시절에 소금은 바다에 인접한 염전에서만 생산되는 것으로 알고 있었다. 세계 여행을 하면서 지구의 지각 변동으로 바다가 산으로 변하여 소금 광산이 된 곳은 가보았다. 하지만 끝이 보이지 않는, 물이 찬 하얀 소금 사막은 처음 보는 것이어서 눈앞에 펼쳐진 자연의 경이로움에 한동안 말문을 열지 못하고 바라만 보고 있었다.

인천에서 초등학교 다닐 때, 염전이 있는 주안에 사는 친구 집에

증도 염전

가끔 놀러 갔었다. 당시 주안에는 바닷물을 막아 논같이 구획을 나누어 염전을 만들었다. 염전 바닷물이 햇빛과 바람으로 증발하여 하얀 소금이 되는 현장에 가서 바닷물을 염전으로 퍼 올리는 물레방아에 올라가기도 하고 소금을 모아 저장하는 소금 창고에 들어가 보기도 하였다.

그러한 염전이 이제는 도시 개발에 밀려 아파트, 주택, 공장이 들어서 상전벽해桑田碧海라는 말이 실감 날 정도가 되었다. 요즘 젊은이들이나 외지에서 온 사람들은 그곳이 염전이 있었던 곳이라는 것을 상상도 못 할 것이다. 지금도 우리나라는 서해안 간만의 차가 심하고 넓은 갯벌이 있는 지역에서는 염전을 만들어 소금을 생산하고 있다.

고교 시절에는 친구 5~6명이 인천 시내에서 몇 시간을 걸어서 염전 부근 친구 집에 놀러 간 적이 있었다. 우리는 낮에는 염전에서 뛰어놀며 밤이 새도록 이야기를 나눴다. 이곳 우유니의 물이 찬 소금 사막을 바라보니 옛 추억이 주마등같이 스쳐 간다.

남미 여행 출국일을 1월 말로 잡은 것도 물이 찬 우유니 소금 사막을 보기 위해 이 지역의 우기(12~4월)를 염두에 둔 계획이었다.

빗물이 고여서 소금 사막이 얕은 호수로 변하여 낮에는 강렬한 햇빛이 거울처럼 반사되어 푸른 하늘과 구름이 호수에 비치고, 밤에는 하늘의 별들이 호수에 또 하나 있는 듯 하늘과 땅이 하나로 어우러진 장관을 볼 수 있기 때문이었다.

아침에 비가 조금 내리다가 오후에는 하늘이 맑게 갠 좋은 날씨였다.

하늘과 구름이 투영된 소금사막

물 찬 우유니 소금 사막의 풍경은 감탄 그 자체이다. 얕은 호수로 변한 소금 사막에는 하늘과 구름이 그대로 투영되어 하늘과 땅의 경계가 사라져 버린 초현실적인 현상이었다. 창조주에 대한 경외의 마음에 탄성이 절로 튀어나왔다.

"아~~! 경이롭고 신비하다."

무슨 말을 더 이상할 수 있으랴. 이 신비스러운 경관을 담기 위하여 여행자들은 여러 포즈를 취하며 추억 만들기에 여념이 없었다.

소금 사막 한가운데에서 장화를 신고 차에서 내려 이벤트 행사로 차려놓은 식탁에 앉아 점심 식사하며 사방을 돌아보니 물 찬 소금 사막에 담긴 하늘뿐이다.

소금사막안에서 식사

경이로운 풍경이었다. 식사를 마치고 나의 일생에 영원한 추억이 될 풍광을 카메라에 담으며 사방으로 다녔다. 가슴이 서서히 뛰기 시작하였다. 메말라 있던 감정이 풀어지며 눈시울이 뜨거워졌다. 우유니 소금 사막이 품고 있는 매력에 유혹되어 그 속으로 상상의 유영游泳을 하며 들어갔다. 팔순이 다 된 나이에 마치 어린 시절로 돌아간 듯 들뜬 기분이었다.

현지 가이드가 자리를 옮겨 단체 사진을 여러 포즈를 취하게 하며 찍어주었다. 젊은이들이 이벤트 행사로 촬영하는 사진을 나이 든 사람들이 다 함께 폼을 맞추려고 하니 자세 맞추기가 쉽지 않았다.

단체 사진 포즈

고산병 증세가 나타나는지 많은 사람이 힘들어하였다. 3,600m가 넘는 곳에서는 천천히 움직이고 동작도 크게 하지 말아야 하는데 신비한 자연현상을 담는 사진 촬영에 빠져 무리를 한 모양이다. 아내도 호텔로 돌아와 두통이 나고 숨쉬기가 힘들다 하여 산소통 도움을 받았다. 우리(아내와 둘째 딸, 나)는 남미 여행 오기 전 제주도에서 1년 살이를 하면서 매일 2~3시간 걸었다. 올레길, 둘레길, 자연 휴양림, 오름 등을 찾아 걸었다. 아내와 딸도 체력이 보강되어 힘든 남미 여행길에서도 즐겁게 여행하고 있었다. 하지만 고산병으로 모두 힘들어하였다. 나 역시 숨을 몰아쉬며 잠을 설쳤다.

마추픽추는 인간이 만든 불가사의한 것이지만 물 찬 우유니 소금 사막의 풍광은 자연이 만들어 낸 신비스러운 현상이다. 젊은 여행자들의 버킷리스트 1순위가 될 만하다고 생각하였다. 고산병 증세로 숨쉬기가 힘들었지만 쉽게 올 수도 없는 머나먼 곳이다. 다행히 날씨가 좋아 잊지 못할 추억을 만들었다. 힘들고 고통스러운 여정이었지만 지구상에 하나밖에 없는 자연 현상이 만들어 낸 풍광을 보다 보니 고산 지대에서 겪는 피로와 고통도 사라지는 느낌이었다.

무언가에 관심을 두고 있다 보면 인연이 되어 기회를 주는 것 같다. 볼리비아는 너무나 먼 나라이지만 우유니 소금 사막은 나의 여행 버킷리스트에 포함되어 있어 관심의 대상이었다. 우유니 소금 사막을 보는 순간 느꼈던 그 벅찬 감동이 지금도 느껴진다. 두고두고 잊을 수 없는 추억으로 간직되어 있을 것이다.

볼리비아에는 생각나는 것이 또 하나 있다. 체 게바라이다.

청년 시절 일본어로 발간된 체 게바라에 관한 책을 읽고 감명을 받아 동료들과 같이 체 게바라의 삶과 혁명에 대하여 의견을 나눈 적이 있다.

체 게바라는 볼리비아 산악 지대에서 혁명을 위하여 게릴라 활동을 펼치다가 1967년 10월 9일 체포되어 사살되었다. 볼리비아를 여행하게 되니 체 게바라에 대한 옛 기억이 회상되었다.

체 게바라 (출처: wikipedia)

체 게바라는 1928년 아르헨티나에서 태어나 1967년 볼리비아에서 39세 젊은 나이에 인생을 마감했다. 그는 생존시보다 사후에 더 유명해진 인물이다. 그의 시체는 그가 지휘했던 제2군이 활약하여 쿠바 혁명 성공의 물꼬를 튼 쿠바의 산타클라라에 안장되어 있고, 쿠바에서는 카스트로 못지않은 추앙을 받고 있다.

체 게바라는 아르헨티나의 중상층 백인 가정 출신이다. 당시에(1930년대) 아르헨티나는 세계 경제 순위 7위로 남미에서 가장 잘사는 나라였다. 그러나 빈부의 격차가 극심하여 노동자와 농민들은 가난에 허덕이며 살고 있었다.

체 게바라는 할머니를 암으로 잃은 후 암을 정복하기 위하여 부에노스아이레스 의과 대학에 입학하여 1953년 알레르기에 관한 연구로 전문의 자격을 취득했다.

그는 의과 대학에 다니던 1952년에 친구인 엘베르토와 오토바이로 남미 일주 여행을 떠난다. 여행 중 칠레의 아타카마 사막에서 경찰에 쫓겨 도망 중인 사회주의자 부부를 만나 그들과 같이 추카카마타 구리 광산으로 가게 되었다. 그곳에서 노동자들이 착취당하는 현장과 남미 곳곳에서 독재 정권에 억압받으며 처참하게 살아가는 사람들을 목격하고 이상주의 사회를 건설한다는 마르크스주의에 심취하게 된다.

추카카마타 구리광산 (출처 : wikipedia)

의과 대학을 졸업한 후 취직 2개월 만에 그만두고 볼리비아로 갔다가 과테말라로 이주한다. 거기서 페루에서 망명 온 3살 연상의 여성 혁명가 일다 가데아Hilda Gadea를 만나 결혼한다.

과테말라의 아르마스 독재 정권으로부터 핍박을 받게 된 체 게바라는 가데아와 함께 멕시코로 망명하였다. 그곳에서 1952년 쿠바의 대통령 선거에 나섰다가 바티스타의 쿠데타로 선거가 무산된 뒤 바티스타 정권에 항거하다 체포되어 2년간 복역 후 특사로 풀려 멕시코로 망명한 피텔 카스트로와 운명적인 만남을 갖게 된다.

의기투합한 두 사람은 쿠바 바티스타 정권에 항거하는 반정부 세력과 합세하여 쿠바 혁명을 성공으로 이끌어 마침내 카스트로 정부를 탄생시켰다. 혁명 성공 후 카스트로는 총리가 되었고 체 게바라는 1959년부터 1965년까지 쿠바 혁명 정부에서 주요 정부 요직을 맡아

카스트로를 도와 서방 세계로부터 쿠바의 두뇌라는 별명을 얻었다. 그러나 1965년 4월, 체 게바라는 카스트로에게 '쿠바에서 할 일은 다 끝났다'는 편지를 남기고 홀연히 사라진다.

쿠바를 떠난 체 게바라는 돌연 아프리카 콩고로 가 혁명군을 지원하지만 성공을 하지 못하고 남미로 돌아와 볼리비아의 혁명에 가담하였다. 산악 지역에서 게릴라 활동을 하던 중 부상한 몸으로 정부군에 체포되었다.

남미 국가들은 체 게바라의 높은 인기와 그의 활동에 불안을 느껴 1967년 10월 9일 사살시켜 버렸다. 체 게바라가 죽은 후 그의 시신을 확인한 영국의 '가디언' 기자 리차드 곳은 "나는 1963년에 쿠바에서 체 게바라를 만난 적이 있다. 그는 미국에 대항한 전투에서 전 세계의 급진적인 군대를 지휘하려고 시도한 유일한 인물이었다. 이제 그는 죽었다. 하지만 그의 사상이 그와 함께 사라질 수 있다고는 도저히 생각할 수 없다."라고 썼다.

체 게바라는 사후에 오히려 그 영향력이 더 커갔다. 전 세계적으로 '체 게바라 열풍'이 일어나 프랑스의 68운동에서 그는 정신적 지주가 되었고 많은 추종자를 낳았다.

혈기 왕성한 시기에 일본어로 된 그의 전기를 읽고 체 게바라의 삶에 심취하여 동료와 혁명에 대한 의견을 나누며 지냈던 옛 기억이 떠오른 것이다. 대학 시절에 읽었던 책 몇 권에 의하여 사상이 완전히 변한 친구도 있었다. 그의 사상에 심취되었으나 제도권 안에 있으면서 나는 행동으로 옮길 수 있는 처지는 아니었기에 체 게바라의 열풍에 한때 들떴던 시절의 추억으로만 남겨져 있었다.

한때 체 게바라가 전 세계 사람들로부터 사랑을 받게 된 데에는 다른 평가도 있으나 그의 삶 자체가 가진 준엄함과 숭고함이 있었기 때문인 것도 사실이다. 남미 민중의 비참한 현실을 바꾸기 위해 체 게바라는 안락한 지위를 버렸고 자신이 옳다고 믿는 신념 앞에 순종했으며 이를 지키기 위해 자신에게 엄격한 사람이었다.

약자에 대한 배려, 자신에 대한 엄격함, 자신의 신념에 따라 안이함도 버리는 그의 삶이 '안일한 불의의 길보다 험난한 정의의 길을 걸어야 한다.'는 우리 학교의 생도 신조와도 맥을 같이 하였기에 나는 체 게바라를 한때 동경하였던 모양이다. 50년이 지난 세월이지만 볼리비아 여행지에서 회상되는 삶의 한 부분이기도 하다.

볼리비아를 여행하면서 우유니 소금 사막을 보고 체 게바라를 생각하니 10대 때의 어린 시절과 20대 때의 젊은 시절의 추억을 상기하게 되었다. 관심이 내 안에 잠재된 추억을 되살아나게 한 것이다. 관심을 가지고 떠나는 여행은 보고 느끼는 단순한 관광이 아니라 기대와 설렘으로 능동적인 목적이 있는 여정이 된다.

이번 볼리비아 여행은 나의 버킷리스트 하나를 성취하면서 젊은 시절의 삶을 회상시켜주었다. 그리고 젊음으로 이끌어 주었다.

남미 대자연과의 만남

여행하다 보면 크게 기대하였던 곳에서 실망도 하지만 별로 기대를 하지 않았는데 예상치 못한 풍광을 만나 감동할 때도 있다.

이번 남미 여행길에서 볼리비아는 단지 우유니 소금 사막만 마음에 두고 갔었다. 하지만 우유니 소금 사막에서 신비로운 자연 현상을 보고 2박 3일간 랜드 크루즈로 비포장도로인 볼리비아의 고원과 산

볼리비아 고원지대

악 지대를 거쳐 칠레 국경까지 가는 도중에 만난 자연은 여행자들이 쉽게 접할 수 없는 비경이 숨어있는 곳이었다.

고산병 증세로 고통을 겪는 해발고도 4,000m를 넘나드는 여행길에서 만난 신비스러운 자연은 육체적 고통을 잠시 잊게 하였다.

오랜 세월 비바람에 깎여 여러 형태의 동식물 모양으로 서 있는 바위들과 그랜드캐니언과 닮은 아름다운 계곡과도 만났다. 먼동이 틀 무렵 햇살에 비친 검고 푸르고 붉은 호수와 플라밍고, 고원지대의 라마 무리들은 한 폭의 생동감 넘치는 그림이었다.

라마 무리

해발 고도 4,850m의 유황 냄새가 진동하는 화산 지대를 지나 쓸모없는 풀만 군데군데 자라는 사막 같은 고원 지대를 달려 랜드 크루즈가 멈춰 섰다.

해발 4,850m 화산지대

차에서 내려 바라보니 사방이 만년설로 덮인 5,000~6,000m의 산군들로 둘러싸인 달리Desierto de Dali 지역이다. 신비롭고 장엄한 만년설 산들은 모두 둥근 모양으로 몽환적 느낌이 들었다. 주변은 산으로 싸여있고 우리가 내려왔던 길만 틔어 있었다.

해발 4,000m에 서서 이 경관을 바라보고 있으니 나 자신이 신선이 된 기분이다. 우리를 안내해주는 현지 가이드가 좀 더 오랫동안 이 경관을 보고 즐기라는 듯 충분한 시간을 주었다. 모두가 경이로운 자연 경관에 감탄하며 카메라에 담으려고 분주하다.

이 풍광이 사람들이 접근하기 쉬운 지역에 있었다면 관광 시설과 관광객들로 꽉 차 있을 것이다. 고원 지대 깊숙이 숨겨져 있는 비경

달리지역

은 고생하며 힘들게 찾아온 여행자에게만 보여주는 자연의 혜택이라는 생각이 들었다.

볼리비아 국경을 넘어 칠레 국경으로 들어섰다. 도로는 포장이 되어 있었고 계속 내리막길이었다. 해발 4,000m에서 2,000m로 내려오니 고산병 증세가 사라지면서 여행자들 얼굴에는 화기가 돌았다. 볼리비아의 자연환경은 육체적인 고통은 주었으나 정신적, 감정적으로는 평생 잊지 못할 아름다운 추억을 만들어 주었다.

칠레로 넘어와 광활한 대지 파타고니아로 들어갔다. 파타고니아는

지도에 명확히 표시되어 있지 않은 땅이지만 남아메리카 대륙의 남위 38도선 이남 지역 약 67만㎢의 광활한 벌판으로, 안데스산맥을 기준으로 서쪽은 칠레 파타고니아로 대표되는 도시 푸에르토 나탈레스에서 동쪽은 아르헨티나 파타고니아의 대표 도시인 엘 칼라파타 El Calafate 일대 지역을 말한다.

파타고니아에 있는 국립 공원 지대는 안데스산맥의 화강암 바위산, 만년설, 빙하, 파란 호수, 숲의 아름다움을 품고 있는 지역이다.

여행기가 여행자를 불러 그 길을 따라 걷게 한다고 한다.

1961년 이곳 풍경을 담은 톰 존슨의 《파타고니아 파노라마》를 읽고 여행한 영국인 브루스 채트민이 쓴 《파타고니아》는 유럽인들에게 파타고니아의 매력을 알려 여행자들이 몰려들었고, 이 여행자들이 여행 후 쓴 책들이 출판되어 이 지역은 끊임없이 여행자들이 이어지고 있다. 나 역시 이런 책들을 읽고 파타고니아로 와서 이곳에 서 있는 것이다. 이번 여행을 남미로 택한 것은 먼 여행길이지만 우리가 접하기 쉽지 않은 대자연을 직접 가서 눈으로 보고 좀 더 가까이 다가가 오감을 통하여 느껴보고 싶었기 때문이다.

우리는 파타고니아로 가기 위하여 칠레의 산티아고에서 비행기로 마젤란 해협 가장자리에 있는 푼타아레나스에 내려 버스로 240㎞ 북쪽에 있는 푸에르토 나탈레스로 갔다.

칠레의 파타고니아가 시작되는 푸에르토 나탈레스는 인구 2만 명 정도의 작은 항구 도시이지만 이곳에서 120㎞ 북쪽의 토레스 델 파이네 Tores del Paine 국립 공원을 보기 위하여 세계 각지에서 사람들이 몰려드는 곳이다. 토레스 델파이네 국립 공원은 아름다운 자연을 다 모아놓은 것 같았다.

이 천연 자연공원은 빙하에 깎인 기묘한 바위산과 이 바위산을 배경으로 한 빙하 녹은 물의 파란 빙하 호수는 한 폭의 그림이었다. 빙하 호수에는 파란 빙하 조각들이 떠 있는 풍경이 하늘, 바위산, 구름과 조화를 이루어 자연의 아름다움 그 자체였다.

토레스 델 파이네

토레스Tores는 스페인어로 '탑'이고 파이네Paine는 '푸른색'을 의미하는 파타고니아 토착어이다. 눈앞에 보이는 산봉우리들은 왼편에는 최고봉인 파이네 그란데산(3050m)이 높이 솟아 있고, 오른편에는 파이네의 뿔 너머 멀리 깎아지른 3개의 바위산 모습이 대지 위에서 하늘로 솟아오른 듯 장엄한 자태로 서 있었다. 세찬 바람이 불고 있었다. 산 정상은 구름에 가려져 있었으나 구름이 걷히면서 그 웅장한 모습을 잠시 보여주었다.

자연은 참 아름다운 경관을 보여주지만 때로는 운무에 싸여있어 여행자들 마음을 안타깝게 하기도 한다. 바람이 세차게 불어 구름이 머무는 바위산들의 위압적인 모습에 근접하기가 쉽지 않았다.

버스는 우리가 파타고니아의 대자연이 연출하는 신비로운 풍경을

파타고니아 고원지대

감탄하며 보고 즐기는 동안 국경을 넘어 끝없이 펼쳐지는 파타고니아 고원 지대를 달렸다. 파타고니아는 참으로 넓었다. 고원 지대는 대부분 초원을 이루고 있었다. 지평선 너머로 곧게 뻗어있는 도로를 5시간 정도를 달려 아르헨티나의 엘 칼라파타에 도착하였다.

파타고니아에 관한 책을 읽고 파타고니아는 초원과 호수, 푸른 숲과 바위산이 조화를 이룬 선경의 웅장한 자연 모습의 지역으로 생각하였다. 그러나 이곳에 와보니 넓은 파타고니아는 안데스산맥의 산과 빙하, 호수가 있는 국립 공원 지역 일부를 제외하고는 광활한 고원 지대의 황무지였다.

나는 여행하면서 이동 간에는 좀처럼 잠을 자지 않는다. 여행하는 길의 풍경이 여행 목적 하나로 생각하기 때문이다. 그러나 지상 낙원처럼 생각하였던 파타고니아는 버스로 몇 시간을 가도 고원 지대 황무지 그대로를 보여주니 나의 눈도 지루하고 피곤하였던지 나도 모르게 눈을 감고 있었다.

엘 칼라파타는 아르헨티나 파타고니아 여행의 거점 도시이다. 여행자들은 이곳 로스 글라시아레스 국립 공원Los Glaciares National Park 안에 있는 피츠로이와 페리토 모레노 빙하를 보기 위해 찾아온다.

피츠로이 산 (출처:pixabay)

다음날 여행 일행 중 10명과 함께 피츠로이로 갔다. 버스로 2시간 30분을 달려 해발 3,405m의 피츠로이Pitz Roy산을 배경으로 조성된 엘 찰텐El Chalten 마을에서 점심 식사로 빵과 음료수를 준비하여 산을 올랐다. 산 바로 아래 호수와 뷰 포인트 몇 곳을 돌아보는 왕복 9㎞의 트래킹 코스이다. 쾌청한 날씨였지만 산 정상에는 구름이 끼어 있었다. 가끔 구름이 걷히면 정상의 모습이 드러나 보였다. 피츠로이 바위산들은 파란 빙하를 품고 있어 범접하기 어려운 위풍당당한 풍광이었다.

힘든 트레킹이었지만 산 바로 아래 아름다운 빙하 호수와 뷰 포인트에 앉아 있으니 시원한 바람이 땀을 씻겨주었다. 빙하 호숫가에서 준비해간 점심을 하며 산 정상의 구름이 걷히기를 기다리며 앉아 있

버스를 타고 뒤돌아본 피츠로이

었다.

맑은 날씨이지만 높은 산의 정상은 쉽게 그 모습을 보여주지 않았다. 바위산 사이의 파란 빙하가 그쪽으로 오르도록 유혹하고 있었으나 빙하 오를 장비도 없고 시간 여유도 없어 바라보는 것만으로 만족해야 했다. 구름이 걷히면서 산 정상을 잠시 보여주고는 곧 구름이 덮이곤 했다.

두 시간 정도 머물다 조금은 아쉬운 마음을 가지고 하산하였다. 버스를 타고 돌아오는 길에 뒤를 돌아보니 피츠로이산의 웅장한 모습 전경이 한눈에 들어왔다. 신비스럽고 경이로운 풍광으로 압도해 왔다.

다음날 엘 칼라파타에서 1시간 거리에 있는 페리토 모레노 빙하를

페리토 모레노빙하

보기 위하여 갔다. 맑은 하늘에 기온이 18~20도로 여행하기 좋은 날씨이지만 빙하가 있는 지역에 무지개가 떠 있어 불안한 느낌이 들었다.

산을 돌아 빙하 가까이 가니 가랑비가 내리고 있었다. 그러나 빙하의 아름다운 경관은 그대로 볼 수 있었다. 비취색을 띠는 아름다운 빙하는 멀리서 봐도 감탄스러워 입을 다물 수가 없었다. 두렵고도 신비한 자연의 모습이다. 이 빙하는 길이가 35㎞, 넓이는 6㎞, 높이는 65m에서 100m의 크기의 대빙하이다.

10시 30분에 출발하는 유람선을 타고 빙하 바로 밑까지 가서 바라보았다. 파란 비취색의 빙하가 웅장한 모습으로 압도해왔다. 기묘한 형상으로 칼날같이 갈라져 있어 금방 무너져 내릴 듯하였다. 빙하는 간혹 천둥소리를 내며 빙하 호수로 빙하 덩어리가 무너져 내린다. 하루에 2m씩 호수 쪽으로 밀려나는 느림보 여행을 하여 마지막은 굉음 소리를 내며 무너져 호숫물이 된다. 빙하가 호숫물이 되기까지는 400년이라는 긴 세월이 걸린다고 한다.

우리는 1시간 동안 갑판에 서서 빙하를 바라보며 여러 형태의 빙하 사진을 카메라에 담았다. 모레노 빙하는 하늘색과 우윳빛을 담은 아르헨티나 국기와 닮은 색이다. 가이드는 빙하가 하늘색인 것은 모든 색은 반사 시키고 청명한 하늘색만 담고 있기 때문이라고 하였다. 그리고 빙하 호수는 빙하에서 녹아내린 다양한 물질들이 호수 속으로 가라앉지 않고 표면을 떠다녀 우윳빛을 띠고 있다고 설명을 한다.

이 경광을 보기 위하여 세계 각국에서 온 관광객들이 유람선 승선을 기다리고 있었다. 유람선은 80~100명 정도 태우고 1시간 30분 간격으로 출발하고 있었다.

카페에는 출발하는 배 시간을 기다리는 사람들로 앉을 자리가 없었다. 우리도 간신히 자리를 잡아 빙하 얼음에 칵테일 한 양주를 한 잔씩 마시며 빙하 풍경을 보고 온 감동의 여운을 나누었다.

수많은 비경을 영겁의 세월 동안 간직하고 있는 파타고니아의 안데스 국립 공원의 풍광이 눈에 선하다 보니 지난 며칠간 거쳐 온 남미 지역 자연의 모습들이 다시 회상되었다.

남미에 첫발을 디딘 곳은 페루 수도 리마였다. 리마 시내를 다녀 보고 다음 날 차량으로 5시간 거리의 이카로 이동 도중에 파라카스에서 배를 타고 각종 새와 바다사자, 펭귄이 모여 사는 바에스타

바에스타 섬

Ballestar섬에 갔다. 이 섬은 에콰도르의 갈라파고스와 유사하여 사람은 거주하지 않고 바닷새와 동물들만이 사는 그들의 천국이다. 사람의 손길이 닿지 않아서인지 평화스럽게 살아가고 있었다.

이카에 도착하여 버기카를 타고 끝없이 펼쳐진 사막을 질주하기도 하고 보드를 타고 사막 언덕을 내려가는 것을 보며 즐겁게 보냈다.

모래 언덕 속 오아시스 마을 와카치나의 카페에 앉아 밤하늘 쏟아지는 별들을 바라보며 페루에서 인기 있는 칵테일인 비스코 사워pisco sour를 현지 가이드와 우리 가족이 어울려 몇 잔 마신 후 설레는 가슴을 안고 사막에서 하룻밤을 보냈다.

어린 시절 사막과 오아시스는 상상 속의 세계였다. 그 상상 속의

사막에서 바라본 석양

세계를 나이 80이 다 되어가는 인생 황혼기에 사막 언덕에 올라 석양을 감상하는 꿈같은 현실이다 보니 감개가 무량하였다.

주변을 붉게 물들이며 수평선으로 가라앉는 석양이나 조용한 여운을 남기며 지평선 너머로 지는 석양은 봤으나 모래 언덕에 올라 사막 지평선 너머로 황금빛을 물들이며 내려가는 석양은 내 일생에 처음이자 마지막 보는 경험이 될 것 같았다.

버기카에서 석양을 바라보며

사막 지평선 황금빛 저녁노을, 하얀 소금 사막을 가로지르며 달리는 희열, 만년설로 에워싸인 고산 지대 산들의 경관은 정말 가슴 벅찬 감동이었다. 그 신비로움을 어떤 말로 어떻게 표현할 수 있겠는가.

세계 곳곳에 숨겨져 있는 비경들은 열정과 용기를 갖고 찾는 자에게만 그 모습을 드러내 보여주고 체험을 하게 한다. 이는 대자연이 찾아오는 자에게 주는 선물이고 배려다. 인간이 대자연 앞에 서면 작아지고 순종할 수밖에 없다는 것을 깨닫는 여정이었다.

인디언들이 대자연의 위대함에 경탄하며 자연과 무언의 대화를 나누면서 순종하는 마음으로 살아가는 이유를 이해할 것 같다.

베어하트 몰리라킨은《인생과 자연을 바라보는 인디언의 지혜》에서 인디언들은 자신을 자연의 한 부분이라고 생각한다고 기록하였다. 이들의 의식은 모두 대지에 대한 경의를 표하는 것으로 그 의식 자체가 일상 생활의 일부였다. 이들에게 자연은 그들과 더불어 사는 하나의 인격체였다. 대지는 어머니이고 자연을 창조한 이는 아버지이며 대자연의 모든 생명체는 형제자매였다. 그들의 삶의 신조와 철학은 어머니 대지와 모든 생명체에 대한 존중과 사랑에 바탕을 두고 있다.

자연과의 교감에서 탄생한 인디언의 지혜로 어려움 속에서도 아름다움을 만들고 사랑을 느끼며 자신에게 고통과 고난을 준 백인들을 관용하는 삶을 살고 있다. 이들은 늘 자연의 변화를 바라보고 자연과 무언의 대화를 나누며 자연의 소리를 듣고 자연에 의지하는 평안한 마음으로 살아왔다.

이번 여행길에서 다양한 대자연과 만나면서 어떻게 살아가야 하는지를 인디언의 구전口傳 기도문에서 배울 수 있었다.

아름다움 속에서 걷게 하소서
내 뒤의 모든 것이 아름답고
내 앞의 모든 것이 아름답다
내 위의 모든 것과 아래의 모든 것이 아름답다

나를 둘러싼 모든 것이 아름답다

인디언들은 창조주가 만든 대자연이 신비롭고 아름답지만 거칠고 황량하더라도 그 자체를 아름답게 받아들이고 자신의 일부라는 관념으로 지혜로운 삶을 살고 있다.

여행길의 자연은 신비스럽고 황홀한 풍경이 많지만 때로는 황량하고 거친 풍경도 있다. 이런 풍경과도 무언의 대화를 나누며 다녔다. 모든 풍경을 아름답게 바라보고 즐거운 마음으로 받아들이는 것이 여행길에서 얻는 배움이고 깨달음이었다.

이번 여정에서 만난 대자연의 다양함은 나의 마음을 넓게 열리게 하는 수용이고 포용이며 평온이었다.

여행은 뇌를 젊게 한다

해외여행을 다니면 세계 각국의 여행자들을 많이 만나게 된다. 미국, 유럽인들 가운데는 나이 든 여행자들이 많다. 대부분 부부이거나 시니어 그룹이고, 간혹 혼자 다니는 여행자도 있다.

우리나라는 수년 전만 해도 신혼여행, 각종 회의 등으로 젊은이들이 많이 다녔고, 혼자 또는 2~3명이 배낭여행을 다니기도 하였다. 그러나 최근에는 여행사를 통한 단체 패키지여행에는 나이 든 사람

노르웨이 최북단 노르카프

들의 여행객 수가 증가하는 추세이다. 여행사들이 경제적으로나 시간적으로 여유가 있는 노년층 유치를 위한 여행 상품을 개발하여 여행 의욕을 부추기는 홍보에 영향을 받은 것 같다.

노년에 여행하려면 이를 위한 건강, 소요 경비, 용기가 필요하다. 이를 위해서는 젊었을 때부터 관리하여야 한다.

선진국들은 노후 생활을 위한 사회 보장 제도가 잘 되어있어 젊은 시기에 직장 생활하며 저축하는 돈은 취미생활이나 여행을 하기 위한 준비 자금으로 인식하고 있다.

북유럽 사람들은 따뜻한 동남아나 남부 유럽으로, 유럽 사람들은 미 대륙으로, 미국인들은 유럽으로, 동양인들은 유럽이나 미 대륙 등으로 많이 다니고 있다. 여행을 좋아하는 사람들은 여행이 없는 삶은 목적이 없는 삶으로 인식하고 있다. 여행은 삶의 필수적인 조건으로 저축을 하는 동기이자 이유이기도 하다.

노르웨이 캠핑카 쉼터

여름철 노르웨이를 여행하면서 보고 느낀 것은 지방 도로에 다니는 차량의 80% 이상이 여행자들이고, 차량의 30% 정도는 캠핑카이다. 도로 옆 경치 좋은 호숫가나 피오르드에는 반드시 여행자들이 여유롭게 쉬어 갈 수 있는 시설이 잘 갖추어진 쉼터와 캠핑장이 있다.

여행하며 이색적이고 새로운 지역에서 얻는 경험은 삶에 생기를 돋게 한다. 또한 여행은 노년기에 활기차게 살아가도록 자극을 주는 자극제 역할을 한다. 새로운 자연이나 역사적인 유물들은 호기심을 유발하여 뇌 활동을 활발하게 한다. 노년기에는 암을 비롯한 각종 성인병으로 고생하는 사람들이 많지만 그중 가장 두려운 것은 치매가 아닌가 한다. 그런데 이 치매는 뇌 활동을 많이 하는 사람에게는 걸릴 확률이 적다는 것이다.

나이가 들어가면서 기억력이 저하되는 것을 느끼게 된다. 자주 만나지 않는 친구들의 이름이 잘 떠오르지 않아 민망스러울 때도 있다. 이름 석 자 중 끝자리가 떠오르지 않아 얼버무렸다가 너는 내 이름도 제대로 모르느냐며 핀잔을 받기도 한다.

늘 만나는 친구이면 자주 이름을 부르기 때문에 기억이 나지만 동기생 중에도 1년에 한두 번 보는 사람은 얼굴만 바라보고 이름이 떠오르지 않아 다가가 악수하는 것조차 망설여지기도 한다.

이제 기억력이 예전 같지 않다는 것을 느끼면서 혹시 치매 초기가 아닌가 걱정하기도 한다. 친구 중에는 MRI로 뇌 검사를 한 결과 치매 초기로 판정받고 약도 먹고 주기적으로 의사의 검진을 받는 사람도 있다.

의사는 그날 만났던 사람들의 이름을 기억하여 말해보는 것도 치매가 진전되지 않는 데에 도움이 된다고 하여 외출 후 집에 돌아와서는 부인에게 그날 모임에서 만났던 사람들의 이름을 말해보는 점검도 받는다고 한다.

지인 중에는 알츠하이머로 가족과 떨어져 살아가고 있는 사람이 있다. 현업에 있을 때는 누구보다 명석하였고 기억력과 언변도 좋아 명교관으로 이름을 날리기도 하였고 장관까지 한 사람이다. 그런데 석연치 않은 일로 오해를 받아 정신적 충격을 받은 모양이다.

어느 날 전화가 와서 받아보니 말의 두서가 없고, 저녁 모임에서도 횡설수설하기에 의아해 했는데 얼마 후 알츠하이머가 심해져 불과 70세 나이에 요양 병원에 입원했다.

두뇌가 명석한 분이 치매라고 하여 이해가 되지 않았으나 정신적 충격으로도 치매가 찾아올 수 있다고 하니 치매는 암보다 더 무서운 병이라고 하는 말을 실감하고 있다.

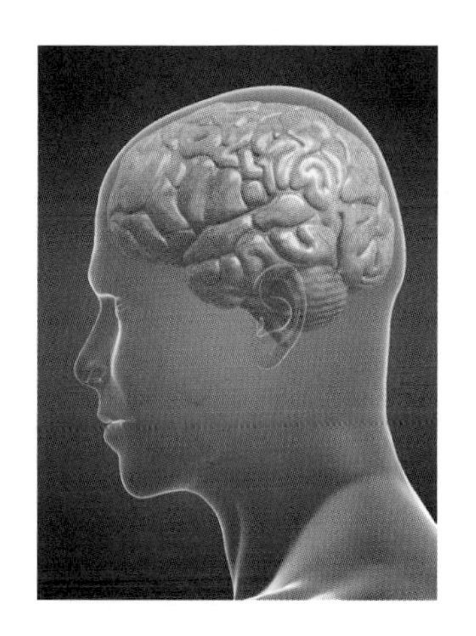

치매, 알츠하이머의 발병 원인은 무엇일까?

현재 과학자들이 계속 연구하고 있는데 뇌 연구자들이 사후 뇌 부검을 하도록 동의한 사람들 뇌를 조각내어 분석 연구한 결과 치매에 걸리는 병변인 플라크와 신경섬유 농축제(푸른색인데 흰색으로 나타남)를 가지고 있으면서도 알츠하이머 증상이 나타나지 않는 사람들이 있다는 것을 알게 되었다. 이들은 그 세대의 평균적인 사람보다 교육을 더 받았고 은퇴 후에도 지적 활동을 많이 하는 사람들이었다.

일반적으로 치매와 관련되는 교육 수준, 가정환경, 취미, 사회적 활동, 운동 외에 성격의 특성과 삶의 태도를 살펴본 결과,

- 성실성에서 높은 점수를 받은 사람이 불성실한 사람보다 알츠하이머에 걸릴 확률이 89% 더 낮았고
- 삶의 목적이 뚜렷한 사람은 그렇지 못한 사람보다 치매에 걸릴 확률이 2.5배나 낮다는 것이다.

따라서 매일 매일 살아가는 목적을 추구하는 아침을 맞고 행복한 내일을 기대하는 삶의 자세가 사는 동안 맑은 정신을 유지하는 비결이라는 것을 알게 되었다.

뇌가 다른 장기와 다른 점은 가소성, 즉 역경에 유연하게 대처하는 능력이다. 삶을 더 의미 있게 받아들이는 사람들은 좀 더 유연한 뇌를 가지고 있다는 것이다. 따라서 현업에서뿐만 아니라 은퇴 후에도 계속하여 지적 활동을 할 수 있도록 직업 외의 의미를 찾는 것이 좋다고 뇌 연구가들은 말하고 있다.

나이가 들어도 호기심을 늘 지니고 있어야 치매를 멀리할 수 있다는 것이다. 어린아이들은 호기심이 많고 알고 싶은 것이 많아 백지 상태의 뇌 한 모서리에 호기심으로 터득된 것이 채워진다고 한다. 호기심으로 얻은 지식은 저장되어 다른 지식과 상호 보완 작용을 하면서 시간이 지나면 지혜로 표출된다.

나이가 들면서 점차 호기심이 사라져간다. 중장년 시에는 알 만큼 알았다는 인생 경륜이 호기심을 방해하고, 노인이 되면 호기심을 갖는 것을 귀찮게 생각한다. 현실에 안주하여 나태하고 무기력해져 두뇌를 쓰지 않으니 뇌세포는 죽어갈 수밖에 없다. 호기심은 여생을 생기있고 활기찬 삶을 살아가게 하지만 호기심이 없으면 치매에 걸릴 확률이 높아 본인이나 가족에게 고통스러운 삶을 살게 할 수도 있는 것이다.

호기심의 싹은 새로움과 낯섦을 만나는 기대와 희망에서 솟아난다. 여행은 호기심의 싹이며 길이고 열매이다. 호기심으로 시작된 여행은 계속하여 지적 활동을 원활하게 하여준다.

여행 중에 느끼며 깨닫는 것은 글을 쓰기 위한 귀중한 소재의 싹이 중요하다는 것이다. 이 싹을 소중히 다루고 가꾸어야 생동감 있게 여

이구아스 폭포에서

행 현장을 표현하는 문장을 구성하는 지적 활동을 할 수 있게 된다.

여행기는 잠재되어 있던 자아가 여행 중 보고 느끼면서 찰나의 영감을 받은 것을 사색하며 다듬어 진열하는 것이다.

뇌 연구가들이 치매 예방을 위하여 나이 들어도 호기심을 갖고 지적 활동을 하도록 권유하는 것이 이해된다.

여행은 뇌를 활성화하여 관찰하고 느끼며 사색하고 기록하여 추억의 자아를 만들어 가니 나이 들어도 여행을 떠나야 할 이유이다.

사무엘 울만이 그의 시 '청춘'을 쓸 때 그의 나이 78세였다. 사람은 나이가 늙게 하는 것이 아니라 마음에 열정이 식어 늙는다고 하였다. 열정은 청춘의 몫이라고 포기할 것이 아니라 그것이 사라지지 않도록 끊임없이 불을 지펴야 한다. 여행은 불을 지피는 불씨이며 땔감이다.

여행자들이 여행은 뇌를 젊게 유지하도록 한다는 경험적 증언을 많이 하고 있다.

여행은 마음을 풍요롭게 한다

이번 여행길에서 한 달간을 함께한 여행자들 모두가 같이 느끼고 공감하는 것은 볼리비아 여행이었던 것 같다.

해발 4,000m를 넘나드는 여행길에서 다들 두통과 호흡 곤란을 겪으면서도 빈한하게 사는 볼리비아 사람들의 순박하고 친절한 마음이 애절하기도 하였지만 깊은 감명을 받았다. 2박 3일간 랜드 크루즈 5대로 우유니에서 칠레 국경까지 우리를 안내해주었던 운전기사들과

볼리비아 가족 (출처:pxhere)

현지 가이드와 가는 곳곳에서 만난 볼리비아인들의 맑고 순박한 눈망울이 지금도 눈앞에 아련히 떠오른다.

칠레 국경을 앞에 두고 헤어지면서 '볼리비아 최고'라고 두 주먹을 움켜쥐고 흔들며 미소 짓던 현지 가이드의 애국심에 연민이 느껴졌다. 어렵게 살고 있으나 자존심을 지키는 그의 모습이 멋있어 보였다.

볼리비아는 주변 국가들과의 전쟁에서 패하면서 국토의 주요 지역

볼리비아 영토

을 다 빼앗겼다. 칠레와의 태평양 전쟁(1879~1883)에서 초석 산지와 항구가 있는 해안 지역인 안토파가스타주를 잃어버려 해안선이 없는 내륙국이 되었다. 브라질과의 전쟁(1903)으로 고무 산지인 아마존강 유역을, 파라과이와의 전쟁(1938)에서는 유전 지대인 차코 지방도 빼앗겨 영토의 절반을 잃었다.

현재는 경작 가능 지역이 3%, 목초지 25%이고 나머지는 삼림이나 황무지이다. 금, 은, 철광석, 안티몬, 텅스텐, 주석 등 많은 광물을 매장하고 있으나 남미에서 가장 가난하게 사는 나라이다.

주요 도시들이 해발 3,500m 이상 되는 지역에 있다. 나라가 가난하다 보니 고산 산악 지대에 도로를 제대로 건설하지 못하여 거의 비포장도로이다. 우리는 우유니에서 고원 지대를 넘어 칠레 국경으로 오면서 육체적인 고통에 시달리기는 하였으나 볼리비아 내륙의 아름다운 자연 풍광을 만나본 감격스러운 여정이었다고 자평을 하였다.

칠레로 넘어오니 도로가 잘 포장되어 있었다. 포장도로를 따라 계속 내리막길을 내려와 산 페트로 데 아타카마에 도착하였다. 4,000m 고원 지대에서 2,000m의 아타카마 사막 지역의 오아시스 마을에 온 것이다. 두통과 호흡 곤란 증세는 말끔히 사라졌다. 고도 차이가 인체에 미치는 영향을 실감한 여행길이었다. 비록 고원 지대 가난한 나라에서 빈곤하게 살아가고 있지만 순박하고 친절한 국민의 모습에 동정심이 유발되어 가까이 다가가 응원하고 싶은 마음이 생겼다.

칠레의 깔라마 공항에서 항공기를 타고 수도인 산티아고로 왔다.

볼리비아는 비포장도로가 많다.

4,000m 볼리비아 고원지대에 서서

산티아고는 모든 것이 풍부한 선진국형의 도시이다. 남미에서 가장 잘사는 나라답다. 물가는 볼리비아와 비교할 수 없을 정도로 비싸고 공항 서비스는 불만스러웠다. 조금은 거만스럽게까지 느껴졌다. 가난하게 살면서도 순박한 볼리비아 사람들과 일주일을 같이 지낸 후 만난 칠레의 첫인상은 좋은 느낌이 아니었다.

여행하는 국가에 대한 이미지는 조금씩 다르게 느껴졌다.

볼리비아의 자연 속에서 살아가는 사람들의 얼굴에서는 도시 사람들에게서 느껴지는 음울한 표정은 없어 보였다. 맑고 파란 하늘, 사막 같은 거친 대지에 높이 솟아 있는 산, 간간이 숲을 이루어 물이 흐르지만 황량한 느낌이 드는 곳에서 문화 혜택도 제대로 받지 못하고 살아가고 있다. 그러면서도 작은 것에 감사하고 자연이 주는 햇빛과

고원지대의 볼리비아인의 삶

혜택에 만족해하는 그들 삶의 자세를 바라보며 삶에 대한 마음 자세를 가다듬어 보게 되었다.

우리도 유년 시절에는 빈곤 속에 살아왔다. 한국전쟁으로 나라 전체가 피폐한 상황에서 의식주가 해결되는 것만으로도 다행으로 알고 만족하던 시절이 있었다. 그러한 환경 가운데에서도 낙담하지 않고 희망을 품고 배우고 익히며 열심히 살아왔다.

절대 빈곤을 그대로 받아들이고 그것을 극복의 대상으로 생각하며 잘살아보겠다는 오기를 갖고 살아왔다.

풍요로운 삶만이 즐거운 삶이 아니다. 결핍의 삶도 마음먹기에 따라 즐겁게 살아갈 수 있다는 것을 우리가 겪었던 유년 시절과 이곳 볼리비아인들의 얼굴에서 느꼈다.

현재 자기 기준으로는 어느 정도 풍요로운 삶을 살기에 유년 시절에 어렵게 살았던 삶도 아름다운 추억으로 새겨지는 것 같다.

부富가 최고의 가치이고 돈이 없으면 비참한 생각이 드는, 이웃과 비교하며 살아가는 도시 문화생활에서는 느낄 수 없는 감정을 이곳에서 느꼈다. 자연이 주는 따스함, 경외감, 여유로움, 차분함, 불멸의 순환 시간을 늘 곁에 두고, 빈곤하지만 풍요로운 마음으로 살아가는 사람들을 이번 여행길에서 만나보면서 삶이란 무엇인가를 자문자답해 보았다.

은퇴하여 생활이 자유로워졌으나 아직도 소유의 욕망에서 벗어나지 못하고 사는 우리가 진정한 자유를 얻었다고 말할 수 있겠는가?

도심에서의 삶은 보는 것, 듣는 것이 너무 많다. 견물생심은 남녀노소, 빈부의 차이가 없는 모양이다. 먹고, 입고, 자는 인간 본능인 의식주 사고에서 우리는 지나치게 좀 더 화려함을 추구하며 그 안에서 행복을 갈구하고 생활한다. 이것이 과연 행복한 삶이고 진정 바람직한 삶인지 의구심을 품으면서.

볼리비아는 남미 국가 중 인디오 분포가 가장 많은 나라이다. 인디오가 55%, 메스티소(인디오와 스페인 혼혈)가 32%, 백인이 12%이다. 고산 지대에서 살아가는 인디오들의 삶은 우리가 살아가는 소비가 넘쳐나고 북적거리는 도시의 삶과는 딴 세상이다.

이들은 어쩔 수 없는 상황이지만 가진 것에 만족해하며 살아가고 있다. 교통이 불편한 고원 지대 농촌에서는 자연 속에 묻혀 살아간다. 해가 뜨면 일하러 가고 해가 지면 돌아와 쉰다. 우물을 파서 물을 얻고 땅을 갈고 곡식을 거둔다. 시장에서는 필요한 만큼만 사서 생활한다. 자연이 주는 혜택을 그대로 받아들여 자족하며 살아가고 있다.

이들은 늘 바라보고 마주하며 살아가는 것이 대지, 햇빛, 바람, 나무, 물이니 자연스럽게 자연에 들어가고 그 속에서 자유롭고 편안한 무소유의 삶을 누리고 있는 것 같았다.

삶의 본질은 자신이 처해있는 환경을 순수하게 받아들이고 만족해하며 사는 것이다. 거기에 인간 본연의 행복이 있다는 것을 이들의 생활 자세에서 되새긴다.

U 밴드 이론이 있다. 청년기 이후 줄어드는 인간의 행복은 평균 46세에 최저점을 기록하고 다시 반등한다는 이론이다. 우리가 행복

하려면 자신의 한계나 현재 상황을 인정하고 받아들이면 행복할 수 있다고 하는 추론이 가능하다. 행복은 주어지는 것이 아니라 만들어 나가는 것이다.

여행 후 사진을 정리하다 황량한 대지 위에 서서 웃고 있는 인디오들과 함께 찍은 사진을 보았다. 나의 표정은 조금 굳어있어 보였다. 힘들기도 한 여행의 피곤함 때문이기도 하였겠지만 복잡한 나 자신의 내면을 성찰하고 있다 보니 그런 표정이 되었던 것 같았다.

한국의 젊은이들이 헬 조선을 이야기하고 있는데 여행을 떠나 이 나라를 보면서 한국처럼 전쟁으로 폐허가 되고 과학 기술이나 지하자원이 빈약한 나라에서 불과 반세기 만에 놀라운 경제 성장을 이룬 나

볼리비아 고원

부에노스아이레스 거리의 일부 풍경

라는 세계에서 찾아볼 수 없는 기적에 가까운 일인 것을 알게 된다.

그 경제 발전의 근간을 구축하며 살아왔던 우리 세대에서 바라보면 젊은이들은 현재 그들 세계에서도 이해하기 힘든 일에 동참하며 살아가고 있다. 일부이지만 청년들이 자신은 노력하지도 않고 처해 있는 환경 탓만 하고 비관하며 스스로 무능과 나태에 빠져들고 있다.

정부가 청년 실업자 구제 명목으로 아무 대가 없이 매월 일정 금액을 그냥 주는 공짜 정책을 실행하여 이들을 도와주는 것이 과연 올바른 정책이고 길인가?

아르헨티나 수도인 부에노스아이레스에서 일하지 않으려는 페론의 분배 우선주의, 대중 인기 영합주의가 얼마나 국민 의식에 악영향을 미치고 있는가를 보았다.

지금 우리는 승자만이 존속할 수 있는 글로벌 경쟁 사회에 살고 있다. 그러나 일부 젊은이들은 미래를 위한 능력을 배양하기보다는 현실만을 비판 비난하며 자신들을 합리화시키려고 목청을 돋우고 있다. 이러한 그들의 돋우는 소리를 함구할 것이 아니라 여론 매체들이 바르게 보도하여 국민을 일깨워 주어야 한다. 나라 자체가 어려운 환경 속에서 웃음을 잃지 않은 인디오 사진을 보며 떠오르는 생각이다.

그 한 장의 사진 속에 내가 겪은 어렵고 힘들었던 일들이 아름다운 추억으로 오버랩하여 담겨 나왔다.

여행하는 동안 호흡 곤란을 느끼며 밤이 되면 두려웠고 힘들었다. 이러한 번뇌 순간들의 여정은 세월이 지난 후 회상해보면 아름다운 경험으로 오래오래 기억될 것이다. 여행 후기를 쓰고 사진을 정리하면서 여행길에서 감동한 대자연들을 회상하며 잠시 눈을 감아본다.

풍요로우며 안정되고 사치스럽고 쾌락이 있는 삶만이 삶이 아니다. 불안정한 가운데 고통스럽고 결핍된 삶을 살아가면서도 웃음을 머금고 평온한 마음으로 살아가는 인디오들을 보면서 느껴지는 깨우침이다. 여행은 내가 하지만 여행이 나를 만든다는 말을 실감한다.

용기도 없고 나태하여 현실에만 안주하려는 사람들은 경험할 수 없는 삶이다. 용기를 갖고 모험적인 여행을 떠난 사람들만이 다른 세계를 체험하면서 얻게 되는 또 다른 순박하고 넉넉한 마음의 풍요로움이다.

철학이 있는 여행길

칠레의 산 페드로 데 아타카마에 도착하였다. 이 마을은 칠레 북부 아타카마 사막의 고원에 있는 오아시스이다. 아타카마뇨족이 살기 시작한 칠레에서 가장 오래된 마을이다. 사방을 돌아보아도 황량한 사막뿐이다.

마을에는 나무 몇 그루가 서 있는 아르마스 광장을 중심으로 산 페

산 페드로 데 아타카마 마을

드로 성당, 고고학 박물관, 파출소가 자리를 잡고 있다. 햇볕에 말린 흙벽돌로 지은 집들에는 카페와 레스토랑, 기념품 상점을 비롯한 상점들이 상가를 이루고 있었다. 작은 거리에는 관광객들로 북적이고 있었다. 아타카마 사막의 달의 계곡을 보기 위하여 모여든 것 같다.

칠레 북쪽에서 볼리비아에 걸쳐있는 아타카마 사막은 지구상에서 가장 건조한 지역이다. 2,000만 년 동안 연간 강수량이 수십㎜도 되지 않는 초건조 상태를 유지하고 있다고 한다.

산 페드로 데 아타카마 마을에서 15㎞ 정도 떨어진 곳에 있는 달의 계곡Valle De La Luna은 초건조 사막이 만든 황량한 모습 그대로를 보여주고 있다.

달의 계곡

볼리비아 고원 지대에서 내려와 달의 계곡은 꼭 가보고 싶었다. 그러나 최근 며칠간 내린 폭우로 도로가 유실되어 출입 금지로 갈 수가 없었다. 안타까웠지만 어찌할 도리가 없었다.

허탈한 마음으로 방랑하는 여행자처럼 마을 이곳저곳을 기웃거리며 목적 없이 돌아다녔다. 관광객들은 나와 같은 심정으로 거리를 돌아다니는 것 같았다. 여행 중 때로는 이렇게 예기치 않은 일로 실망하고 돌아설 수밖에 없는 경우도 생긴다.

거리가 너무나 먼 곳으로 내 나이로는 다시 찾아올 수 없는 달의 계곡이었지만 포기하지 않을 수가 없었다. 대신 볼리비아의 수도 라파즈에서 가보았던 달의 계곡으로 대체 만족하기로 하였다.

아쉬움도 아름다운 추억이 되기를 바라며 스스로 위로했다.

볼리비아 라파즈의 달의 계곡

산 페드로 데 아타카마 가까이 있는 달의 계곡Valle de La Luna은 실제 달의 표면과 비슷하여 달에 갈 우주인이 마지막 훈련을 하는 곳이라고 한다. 미국의 우주 비행사 닐 암스트롱Neil A Armstrong도 이곳에서 훈련한 후에 아폴로 11호로 달에 착륙하여 인류 최초로 역사적인 첫발을 내디뎠다고 한다. (1969. 7. 20. 오후 10시 56분 20초)

그는 달에 첫발을 디디며 "이것은 한 인간에게는 작은 한 걸음이지만 인류에게는 위대한 도약이다."라는 우주 개발 역사상 유명한 말을 했다.

불과 15㎞ 거리에 있는 달의 계곡 여행은 포기하고 칠레의 산티아고를 거쳐 칠레 쪽 안데스산맥의 파타고니아 국립 공원으로 들어갔다.

날씨 변화가 심한 날이다. 바람이 세차게 불면서 구름이 낮게 깔려 간혹 빗방울이 떨어지고 있었다. 흐린 날씨에도 아름다운 호

수 모습은 볼 수 있었으나 호수 너머의 바위산들은 구름에 덮여 정상은 볼 수가 없었다. 여행에서 날씨가 차지하는 비중이 크다. 2,800~2,900m의 산들이 온전한 제 모습을 보여주지 않으니 안타까웠다.

며칠 전만 하여도 우리는 해발 고도 4,000m에 서 있었다. 볼리비아 고원 지대는 4,000m이었고 주변의 5,000~6,000m 산들의 정상을 바라보며 다녔다. 그런데 이곳에서는 해발 2,800~2,900m밖에 되지 않는 산 정상을 보기가 힘들었다. 며칠 전 저 산보다 높은 거친 들판에서 신선처럼 돌아다녔는데 이보다 낮은 산들의 정상을 못 보는 것이 못내 아쉬웠다.

현지 가이드는 볼리비아는 판 아메리카 쪽에서 내려온 지각 변동으로 오래전에 형성되어 긴 세월 동안 비바람에 깎이면서 산이 둥근 모양이 되었다고 한다. 반면 파타고니아 안데스산맥 쪽의 산들은 남극판이 올라와 형성된 것이기에 상대적으로 젊은 산들이어서 뾰족하고 볼리비아의 높은 고원 지대에 막혀 그 밑에 형성된 것이라고 설명해 주었다.

볼리비아의 산들은 수억 년의 세월이 흐르는 동안 모진 자연의 풍상으로 둥글게 변하였고 그 산을 보며 그 안에서 살아가고 있는 사람들은 산을 닮아 모나지 않고 순박해진 것이 아닌가 하는 생각이 든다.

삶이란 변화무상한 자연 속에 살면서 변화되고 다듬어지는 것 같다.

볼리비아 산의 모습 (해발 6,000m)

볼리비아 황량한 고원지대 풍경

먼 다른 대륙에 와서 나 자신을 바라보니 나라는 존재가 너무나도 미미하다는 것을 자각하게 된다. 생소한 곳을 여행하며 보고 느끼며 경험한 것들은 부족한 나를 채워주고 강건하게 살아가도록 용기를 북돋아 주었다. 다른 경관, 신비스러운 자연, 예기치 않게 마주친 색다른 경험은 아직도 살아가야 할 가치가 있다고 일깨워 기쁨의 환희가 온몸에 밀려왔다.

좋은 경관, 감동적인 풍경만 마음 가득 들어오는 것은 아니다. 황량한 사막, 거친 풍경, 살아있는 것이라고는 하나 보이지 않는 곳, 평소에는 상상도 할 수 없는 기이한 풍경이 마음을 들뜨게 하며 가슴 깊숙이 들어왔다.

우리의 삶에도 좋았던 일만 있었던 것은 아니다. 나쁜 일도 많이 겪으며 살아왔다. 오히려 고통과 갈등, 고민, 번뇌, 실패가 자신을 성찰해보는 계기가 되어 자신을 숙성시키고 삶을 성숙하게 이끌어 주었던 것을 회상하게 된다.

창조주가 만든 이 땅의 모든 만물은 제 나름의 가치를 가지고 있다. 외형적으로는 거칠고 삭막하나 그 안에는 무한한 자원을 매장하고 있어 칠레와 페루, 볼리비아 간에 아타카마 사막의 소유권을 놓고 5년간 태평양 전쟁(1879~1883)을 치른 결과 칠레가 승리하여 부富의 편중이 심하게 되었다.

외형적으로는 볼품없어 보이지만 내면에는 강인함과 넓은 도량을 품고 있는 인격을 갖춘 사람들이 있다. 여행 중 표면은 비록 삭막하고 거친 황무지이지만 그 안에 무한한 자원이 매장되어 있는 것을 보면서 자연과 인간의 관계는 시작도 끝도 없는 무한한 조화로운 관계가 아닌가 하는 생각에 빠져들기도 하였다.

철학이 인생과 세상의 근본 원리를 찾는 길이라면 여행길도 철학이 있는 길이라고 할 수 있다. 아름답고 황홀하여 감탄사가 절로 나오는 풍광뿐만 아니라 황량하고 거친 풍경 속에서도 풍부한 자연의 자산을 만나보면서 창조주가 바라는 것이 무엇인지 생각해보는 시간을 가져보았다.

여행길에서 다양한 자연과 마주하면서 노자의 도道인 유무상생有無相生의 관계 철학이 떠오르기도 했다.

여행하며 사물이 보여주는 대로 보고 받아들이면서 자연과 인간과의 상관관계를 이해하고 인식하는 시간을 가져보았다. 대자연 앞에 나 자신을 내려놓고 받아들이니 삶의 폭이 넓어지고 변화되어가는 느낌이 들었다. 바쁜 사회 활동을 하는 동안에는 반복되는 일상생활에서 벗어나기가 그리 쉽지는 않았다. 일 속에 파묻혀 자기 자신을 돌아볼 여유도 없이 그동안 학습한 대로 행하며 앞만 보고 지낸 것이다.

바쁘다는 자기 합리화로 스스로에 멍에를 씌우고 갇힌 삶을 살아간다. 은퇴 후에는 이와 같은 구속에서 벗어나 자유인이 되어 미지의 세계를 찾아 보여주는 대로 보며 사유의 시간을 가졌다. 보여주는 대로 세계를 보니 그곳에는 제 나름의 가치를 품고 있었다.

지금까지 살아오면서 자신의 기준으로 보고 판단한 삶이 올바르지만은 않았던 것을 깨닫기도 하였다. 다른 세계와의 만남은 나의 내면을 허물없이 드러나게 해주고 다른 세계를 있는 그대로 받아들이게 하였다.

새로움과 다름의 체험은 감동과 기쁨이 되어 짜릿한 희열로 온몸으로 퍼져나갔다. 새로움과 만나 배우고 깨닫는 것은 삶의 질도 풍부하게 하고 나를 더욱 성숙시켜 주었다.

여행은 미완성의 자아를 채워주고 성숙하게 하여주니 비록 나이는 들었으나 몸이 허락하는 한 여행을 떠날 이유이기도 하다. 나의 존재가 새로운 자신을 끊임없이 만들며 살아가기 때문이다.

여행에서 만나는 예상치 못한 상황, 경관, 자연의 변화, 역사와 문화는 심신을 활성화하고 자극하여 흥분에 들뜨게 하기도 한다.

페루의 쿠스코에서 만난 잉카 문명의 흔적, 거칠고 황량한 볼리비

이구아스 폭포

아의 내륙 깊숙한 고원 지대의 신비한 자연의 풍광, 파다고니아의 안데스 산맥이 품고 있는 비경의 바위산과 빙하와 호수, 아마존 밀림 지대를 뚫고 흘러내려 웅장한 굉음을 내며 쏟아져 내리는 이구아수 폭포와의 만남은 내 생애에 잊지 못할 추억이 될 것이다.

가족이 함께하는 여행이니 더욱 보람이 있다. 내 아내는 50년간 시어머니를 모시고 살았다. 장애우인 둘째 딸 선영이도 보살피며 말없이 살아왔기에 나는 항상 고맙게 생각한다.

이제는 기회가 있으면 세 식구가 함께 국내외 여행을 떠난다. 딸은 여행하면서 인지 능력이 많이 좋아져 우리 가족이 함께 사는 일상생활에서는 별 지장이 없을 정도가 되었다. 여행하며 대자연의 풍광을 보고 외형과 언어가 다른 사람을 만나 다른 사회 분위기를 경험하면서 뇌가 활성화된 것 같다.

나 역시 남미의 대자연 앞에 서니 흥분되어 환희에 찬 새로운 세포가 생성되어 쌓이는 듯하다. 웅대하고 쉽게 만날 수 없는 자연 경관과 역사적 유물들을 만나 무언의 대화를 나누면서 얻게 되는 사유의 결과이다.

사유를 통한 깨달음은 자기 성찰로 이어져 좀 더 넓고 깊은 삶을 살아가도록 인도하여 주고 있다.

여행길은 나 자신도 모르는 사이에 철인哲人의 마음으로 사색과 깨달음의 길로 걸어가도록 하였다.

여행 중 만난 와인 이야기

칠레의 수도인 산티아고에 도착하였다. 산티아고santiago는 북으로 아타카마 사막, 남으로는 빙하와 파타고니아, 서로는 안데스산맥이 있어 태평양으로 둘러싸인 도시이다.

1541년 피사로의 부관이었던 페드로 데 발디비아가 세운 도시로 1818년 칠레가 독립되면서부터 수도가 되었다.

스모그 가득한 산티아고

해발 650m 고원에 있는 이 도시는 지중해성 기후이다. 여름에는 건조하고 겨울에는 비가 조금밖에 내리지 않아 수분이 부족하여 나무가 제대로 자라지 못한다. 따라서 산은 민둥산이 많고 산티아고 시가지는 스모그로 뿌옇게 싸여있다.

산티아고 시내에는 현대, 기아 자동차를 많이 볼 수 있다. 특히 택시는 우리나라 차가 40% 정도를 차지하고 있다고 현지 가이드가 말해주었다. 2004년 맺은 한국과 칠레의 자유무역협정FTA 효과이다.

산티아고 시내를 관광하면서 모네다 궁전, 아르마스 광장 주변의 대성당, 국립 역사박물관을 돌아보고, 칠레의 제1 항구 도시 발파라이소로 갔다. 인구 100만 명이나 되는 도시다. 부두에는 와인, 농수산물, 구리 등의 수출품을 적재한 많은 컨테이너가 선적을 기다리고

모네다 궁전

발파라이소 항구

발파라이소 도시벽화

있었다. 우리나라의 현대 컨테이너도 보였다.

바다가 바라보이는 구불구불하고 가파른 언덕 골목길의 무너질 듯한 주택 건물에는 벽화가 많이 그려져 있었다. 낙서 같은 그림도 있지만 미술 전문가들이 그린 벽화도 많이 보였다. 피노체트 정권에 대한 저항 운동으로 벽화가 그려지기 시작하였다고 한다. 2003년 도시 전체가 유네스코 세계 문화 유산 등재를 계기로 미술가들이 벽화 그리기에 많이 동참하였다. 이로 인해 지금은 세계적인 벽화 도시가 되었다. 이 언덕에 파블로 네루다 부인의 집도 있어 관광객들이 많이 찾는다.

세계 여행을 하며 벽화가 그려져 있는 곳을 많이 보았으나 이 도시만큼 대대적으로 그려져 있는 곳은 보지 못했다.

발파라이소에는 해군 사령부가 있다. 광장 중앙에는 태평양 전쟁 시 볼리비아와의 해전에서 극적으로 전쟁을 역전시켜 승리로 이끈 장군의 동상과 전사자를 기리는 기념탑이 있었다.

해안 도로를 달려 해수욕장을 끼고 있는 휴양지 레스토랑으로 갔다. 2월이지만 이곳은 여름이다. 태평양 해안을 따라 길게 이어진 백사장에는 붉은색의 비취 파라솔이 파란 바다, 푸른 하늘, 모래사장, 휴양객들과 어울려져 바다 풍경을 더욱 아름답고 생동감 있게 하여 주었다. 이 풍경을 바라보면서 점심을 한 후 와이너리winery 투어를 하였다.

산티아고 주변 와이너리

산티아고 부근에 있는 만년설로 뒤덮인 안데스 연봉들의 아름다운 경관이 여행자들의 마음을 들뜨게 한다. 만년설에서 녹아내린 신선한 물과 태평양에서 불어오는 바닷바람이 포도나무 생장에 적합한 환경 조건을 마련해 준다고 한다. 산티아고 주변 포도원의 자갈과 충적토가 섞인 짙은 암갈색의 토양은 포도나무 재배에 적합한 좋은 토질이라고 한다.

우리는 와이너리에서 안내자의 설명을 들으며 포도밭을 따라 광활한 포도밭 정경을 바라보며 다녔다.

시음장에서는 여러 와인을 시음해 보았다. 내 취향에 맞는 와인을 골라보기 위하여 이 와인 저 와인을 마셔 보았으나 선택은 쉽지 않았다. 칠레는 남위 30도인 코퀸보Coquinbo에서 남위 40도인 데뮈코Tamuco의 남쪽까지 1,000㎞에 거쳐 포도원이 펼쳐져 있는 대단지이다. 끝없이 펼쳐져 있는 포도밭을 바라보니 유럽 여행 중 보았던 추억 서린 포도밭들이 회상되었다.

2017년 스위스 여행 중 갔던 로잔 부근의 라보Lavaux의 포도밭은 레만 호숫가 경사면에 있는 12곳 마을이 포괄된 지역에 펼쳐져 있었다. 라보에서 끝없이 이어진 포도밭을 따라 걷고 쉬면서 바다 같은 레만 호수와 호수 너머 만년설 쌓인 알프스, 따스한 태양, 코발트색의 푸른 하늘, 시원한 바람, 그리고 와인과 함께하였던 즐거운 추억이 있다. 라보 지역은 2007년 유네스코 세계 자연 유산으로 등재되어 있다.

스위스 라보지역 와이너리

2016년 프랑스 남부 지역 여행 중에는 툴루즈Toulouse에서 2박 3일간 머물면서 인근 와이너리를 찾아갔었다. 한없이 넓은 포도밭 한가운데는 여러 와이너리가 있었고 발길 닿는 곳으로 가서 와인을 시음하며 와인 몇 병을 사서 여행하면서 즐겁게 마셨다. 드라이한 타르향을 좋아하는 나에게 프랑스 와인은 좀 부드러운 느낌이었다.

스페인 북부 지역을 여행하면서 때마침 팜플로나Pampurona에서 산 페르민 축제(매년 7월 6일~14일) 전야제가 열려 우리도 축제에 참석하게 되었다. 전 세계에서 몰려온 수만 명의 축제 참석자들이 포도주를 몸으로 마시며 구시가지가 터져 나갈 듯 떠들썩하게 열광하는 축제 분위기를 목격하였다.

우리도 포도주를 마시고 소몰이 참가 옷을 사서 입고 그들과 휩쓸려 거리를 누비며 다녔던 아름다운 추억이 있다.

스페인 팜플로나의 산 페르민 축제

팜플로나 소몰이 축제에 참가

팜플로나 인근 라 리오하La Rioja 지방은 세계적으로 유명한 포도 재배 산지이지만 고급 와인 생산지로도 유명하다. 리오하 강 유역의 토양과 건조한 기후가 포도 생산 최적의 조건에 부합되어 좋은 와인을 생산하고 있다고 한다. 우리(아내, 둘째 딸, 나)는 이 지역에서 생산되는 리오하Rioja 와인을 여행 중 매일 마시며 다녔다. 마트에서는 5~10유로만 주어도 가성비가 좋은 맛있는 와인을 살 수 있었다. 리오하 와인은 드라이하면서 타르 향이 여운이 있어 나에게 좋은 느낌을 주었다.

스페인은 많은 와인을 생산하지만 대부분 국내에서 소비하기 때문에 해외 판매를 위한 홍보가 적극적이지 않았던 것 같았다. 지금은 경제적 문제 때문인지 전에 비해서는 많은 와인을 수출하고 있어 우리나라에서도 와인 전문점이나 마트에서 쉽게 살 수 있다. 나는 내가 좋아하는 리오하 와인을 사서 종종 마시고 있다.

칠레가 포도를 처음 재배한 것은 1554년경이다. 정복자인 스페인의 프란시스코 데 아귀레가 페루에 포도나무를 도입하면서 재배하기 시작하였으나 초기부터 포도 농사가 활발하게 이루어진 것은 아니다. 스페인의 통치 기간에는 스페인은 오로지 본국의 와인만을 수입해서 마실 것을 강요했기 때문이다.

그러나 스페인에서 수입한 와인은 오랜 항해 기간으로 인해 맛이 변할 수밖에 없었다. 칠레는 19세기에 이르러 스페인과의 정치적 관계에도 불구하고 프랑스의 양조 기술을 도입하여 와인 산업을 발전시켜 마침내 2005년에는 세계 10대 와인 생산국이 되었다.

우리나라와는 자유무역협정 체결로 다양한 칠레 와인이 국내에 수입되어 칠레 와인을 보다 싼 가격으로 살 수 있게 되었다.

칠레에는 포도 품종 중 까르메네르Carmenere가 가장 많이 재배되고 있다. 유서 깊은 프랑스 보르도가 원산지이지만 까르메네르는 오늘날 다른 곳에서는 좀처럼 찾아볼 수 없고, 지금은 칠레의 특화 품종이나 다름없다. 브랜딩 파트너로는 까베르네 쏘비뇽Cabernet Sauvignon이나 씨라Syrah와 잘 맞는다고 한다.

딸기 향과 초콜릿 향과 흙냄새, 심지어 담배와 가죽 등 거칠지만 야성적인 향기를 가득 담고 있다.

내가 와인을 마시기 시작한 것은 17년 전부터이다. 애주가였던 나는 주로 양주를 마셨고 거기에 소위 폭탄주라고 하여 양주와 맥주를 섞어서 많이 마셨다. 폭주로 인하여 건강에 이상이 생겨 의사로부터 음주 주의를 받고 나서 금주하기보다는 알코올 농도가 낮은 술을 선택한 것이 와인이다.

그 후부터 일주일에 두 병 정도는 마셨고 와인 보관을 위한 와인 셀러Wine Cellar도 사서 와인을 보관해 두며 마시게 되었다. 오랜 기간 와인을 꾸준히 마시다 보니 내 취향에 맞는 와인도 알게 되었다.

타르 향의 첫맛과 그 여운이 퍼지는 뒷맛이 있는 조금은 무거운 맛의 와인을 즐기다 보니 때론 가격대가 높은 고급 와인도 마시게 되었다. 지금은 전문 와인점보다는 주로 백화점의 와인점이나 대형 마트에서 수입 판매하고 있는 적절한 가격대의 와인을 사서 마신다. 내 취향에 맞는 와인을 선택하기 위하여 여러 나라의 여러 가격대 와인을 마셔 보기도 한다.

세계 여행을 하면서 와이너리를 찾는 것은 와인을 시음하며 내 취향에 맞는 와인을 찾기 위해서이다. 와인을 한 번에 많이 마시기보다는 하루 2잔 정도를 3일에 한 번 마시는 편이다. 운동 후 쾌면하게 되고 혈액 순환도 잘되는 느낌이 든다.

프랑스, 이탈리아, 스페인 등 전통적인 와인 생산국에서는 병 라벨에 포도 생산지명을 표시하고, 칠레와 독일, 미국, 호주, 남아공, 아르헨티나 등 신흥 와인 생산 국가들 와인은 품종을 표시한다.

품종은 대부분 프랑스 지방의 품종으로 까베르네 소비뇽Cabernet Sauvignon, 피노누아Pinot Noir, 메를로Merlot, 까베르네 프랑Cabernet Franc, 시라Syrah 등으로 각 품종의 특징은 타닌 성분량과 강도 등으로 구분되는데 마시는 사람의 취향대로 선호하여 마신다.

빈티지Vintage는 포도가 수확된 해로 좋은 빈티지는 좋은 와인을 생산할 수 있다고 하여 전문가들은 빈티지를 중시하지만, 전문가가 아닌 와인 애호가인 나는 적절한 가격대와 맛의 취향에 중점을 두고 와인을 골라 마시고 있다.

칠레 여행 중 와이너리에서 이것저것 테스트를 하며 시음을 해본 것도 칠레 와인 중 내가 즐겨 마실 와인을 선택하기 위해서였다.

칠레 와인

지금까지 스페인의 리오하 와인을 즐겨 마셨으나 한국의 와인 판매점에서 내 취향의 스페인 와인을 구하기가 쉽지 않았다. 그래서 대중화된 칠레 와인 중에 취향에 맞는 와인을 선택하기 위하여 와이너리 투어에 참가한 것이다. 이번 남미 여행길에서 좀 저렴한 가격대 중에서 취향에 맞는 와인을 선택하기 위하여 칠레와 아르헨티나에서 많은 와인을 시음해 보았지만 선택하기가 쉽지 않았다. 그러나 여러 와인을 품종과 가격대로 마셔 보는 것도 즐거움이었다.

집에서 가족과 함께 독한 술보다는 치즈와 고기를 안주로 자기 취향에 맞는 와인 한두 잔 하는 저녁 기다림도 즐거움이다. 나이 들어 부드러운 와인 한 잔에 삶이 부드러워지는 것을 느끼며 사는 것도 멋이 아니겠는가?

그리스의 철학자 플라톤은 '신이 인간에게 내려준 선물 중 와인만큼 위대한 가치를 지닌 것은 없다.'고 했다. 와인을 마시고 난 후 혀끝의 은은한 향기와 여운이 삶을 고상한 분위기로 이끌어 준다. 나는 아직도 취향에 맞는 적절한 가격대의 와인을 찾아 여러 와인을 마셔 보고 있다.

여행은
걷는 즐거움

산악 열차를 타고 올라간 해발 고도 3,500m 산을 걸어 내려오면서 산 주위를 돌아보았다. 확 트인 시야에 주변 산야의 경관이 한눈에 시원하게 들어왔다.

알프스 산맥

스위스 체르마트에 위치한 마테호른

작은 호수에 비추어진 산의 모습이 걸어 내려오는 방향에 따라 수시로 변하고 있었다. 산 정상은 잠시 머물렀던 구름이 걷히자 선명한 모습의 바위산이 위용을 과시하는 듯 산 전체를 보여주었다.

산은 걸으면서 바라보아야 시야에 들어오는 산 정상과 주변 산들의 여러 경관을 볼 수 있다. 때로는 산에서 쏟아져 내려오는 폭포를 보려고 산 어귀 마을에서 몇 시간을 걸어간다. 땀 흘리며 정상 가까이 다가가 바라보는 기쁜 마음을 어찌 이루 다 말할 수 있으랴.

때로는 등산할 여건이 못 되어 높은 산 정상까지는 올라가지 못하

피레네 산맥의 프랑스 쪽 푸두산

지만 좀 더 가까이서 산 정상을 바라보는 것만으로 만족해야 할 때가 있다.

4,000m 높이의 산 정상은 구름이 가려 있을 때가 많다. 구름이 벗어져야 그 진 모습을 볼 수 있다. 수시로 구름에 가리어 있다 잠시 보여주고 다시 구름 속으로 모습을 감춘다. 구름이 없는 쾌청한 날씨를 만나기란 쉽지 않다.

구름이 걷히면서 산 정상의 바위산이 위엄스럽고 신비로운 자태로 그 모습을 보여줄 때 범접하기 쉽지 않은 웅장한 매력에 가슴이 벅차

오른다. 대자연 앞에 서 있는 내 존재의 연약함을 느낀다. 땀 흘리며 힘들게 걸어가 만난 자연은 겸허한 마음을 갖게 한다.

해발 1570m 가바니마을에서 바라본 푸두산(3,355m)

여행하게 되면 많이 걷게 된다. 자연 속을 걷기도 하지만 역사 문화 탐방을 하려면 대중교통을 이용하거나 걸어 다니며 돌아보게 된다.

도심 안에서는 주로 대성당, 수도원, 왕궁, 박물관, 역사적 건축물, 광장, 먹거리 등을 찾아 걸어 다니며 관광을 한다. 평소에는 들어가 보지 못했던 대성당 내부 제단 벽면을 비롯하여 천장과 창문 프레스코화를 보며 화려함과 정교함에 감탄하기도 하고, 검소한 수도원의 겉모습과 달리 내부의 말할 수 없는 화려함에 놀라기도 하였다. 중세 시대의 역사적 건물과 아기자기한 거리에 도취되어 골목길 따라 걷

대성당 제단벽면

프레스코화 창문

구시가지 거리

다 보면 하루에도 많은 거리를 걷게 된다.

저명한 예술가들과 역사적 인물들을 만나기 위해 박물관에 들르기도 하고, 젊은이들이 많이 모이는 광장이나 서민적인 분위기의 먹거리가 모여 있는 장소를 찾아 걷다 보면 몇 시간을 걷게 된다. 여행길에서는 하루에 통상적으로 15,000보에서 20,000보는 걷는다.

예술가, 철학자들도 여행을 좋아하고 많이 걸었다. 책상에 앉아 상상력이나 착상이 떠오르지 않으면 집 밖으로 나선다.

니체(1844~1900)는 스위스 바젤 대학 교수직을 사직하고 1879년부터 10년간 산에서 바다로, 바다에서 산으로 걸으며 아주 소박하게 살아가며 최고의 건각이 되었다. 니체는 마치 일을 할 때처럼 걸었고 걸으며 일을 했다. 그는 걸으면서 자신이 좋아하는 산과 마을을 발견했다.

프리드리히 니체 (출처: wikimedia)

그는 친구에게 편지를 써서 자기가 자신의 자연과 자신의 원소를 발견했다고 말하기도 했다.(1879.7) 1879년 9월에 쓴 편지에서 니체는 “겨우 몇 줄만 빼놓고 전부가 다 길을 걷는 도중에 생각났으며 여섯 권의 공책에 연필로 휘갈겨 썼다.”고 밝혔다.

그는, 겨울은 유럽 남부의 도시(제노바, 니스)에서 머물렀다. 맑은 하늘과 바다, 세상과 인간들이 내려다보이는 야외를 걸으며 상상하여 구상하고 발견하면서 열광했다. 자기가 발견한 것에 놀라워하고

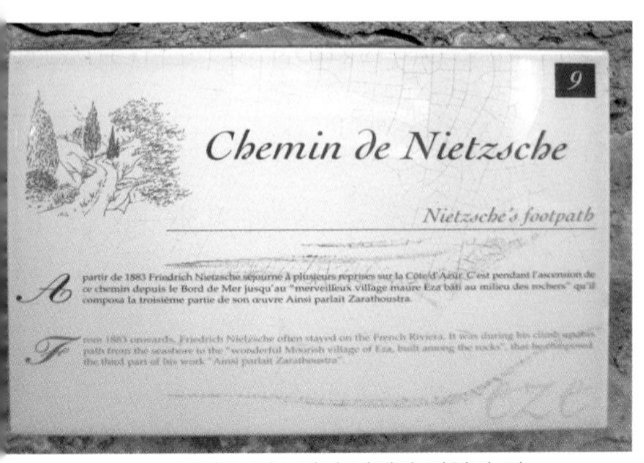

프랑스 니스에서 니체가 걸었던 길

걸으면서 문득 생각한 것에 동요되고 그것에 사로잡혔다.

니체에게는 걷기는 활동의 조건이다.

"우리는 책 사이에서만, 책을 읽어야만 비로소 사상으로 나아가는 그런 존재가 아니다. 야외에서 특히 길 자체가 사색을 열어주는 고독한 산이나 바닷가에서 생각하고, 걷고, 뛰어오르고, 산을 오르고 춤추는 것이 우리의 습관이다." (《즐거운 학문》 니체 전집 12, 프리드리히 니체, 책세상, 2005)

책상에 앉아서 쓴 책은 책상에 쌓아놓은 책들을 편집하여 쓴 것이다. 여행 떠나 걸으면서 구상하고 쓴 책은 얽매인 데가 없는 자유로운 표현의 산물이다. 자연이 우리에게 준 상상의 선물이다.

니체에게 있어 글은 결국 발에 대한 찬사를 의미한다.

손으로만 글을 쓰는 것이 아니다.

장자크 루소(1712~1778)는 자기가 여행하고 걸어야만 정말로 생각하고 구상하고 창조하고 영감을 얻을 수 있다고 단언한다. 여러 생각이 그의 머릿속에서 솟아나는 것도 오랫동안 산책을 할 때였다고 한다.

여행 중에 상상하지 못한 웅장하고 이색적인 풍경을 만나면 다가가 보고 싶어진다. 걸어서 가까이 가서 본 그 경이로운 진경에 감탄하여 넋을 잃고 보게 된다. 그 빈자리에 자연의 신비로움이 들어가 앉으면서 기억으로 남겨진다.

여행의 멋진 추억은 걸어서 다가가 넋을 잃고 바라보게 되는 그 감동이 내 마음에 각인되어 만들어지는 것이다. 뇌의 자극으로 불현듯 떠오르는 생각과 상상력으로 정신적 황홀감을 느끼기도 한다.

볼리비아와 칠레, 아르헨티나 여행 중에 안데스산맥에 있는 국립공원의 경관은 나를 그 속으로 깊숙이 빨려들게 하였고 그 안에서 자연의 여러 신비로움과 만났다. 감동된 마음으로 이 모두를 내 안에 담았다. 자연 속에서 걷는 것은 육체뿐만 아니라 정신 건강에도 유익하다는 것을 실감하며 여행 중 트레킹을 즐겼다.

먼 여행길에서 걸으며 감탄하였던 순간들을 생각하면서 사유의 시간을 갖게 되니 머리가 맑아져 생각지 못한 상상력과 영감이 떠올라 가슴 벅찬 환희의 순간을 맞이하기도 하였다.

새로운 환경에서 경험해보지 못한 자연경관 속으로 걸어 들어가 갖게 되는 사유의 시간은 여행 중 여유이고 쉼이다. 이 여유와 쉼은 세상사에 구속되지 않고 걸어 들어간 자연 속에서 사색하고, 잠재되어 있던 자아와 말 없는 대화를 나누는 나만의 자유 시간이기도 하다.

예술가, 철학자들이 여행을 좋아하고, 많이 걷고 사유하며 작품을 구상하고 삶의 논리를 정립해 나가는 과정을 이해할 것 같았다.

여행을 떠나는 것은 즐거움이기도 하지만 여행지에서 햇빛을 받으며 많이 걷다 보면 뼈가 튼튼해지는 비타민 D가 생성되고 유산소 운동도 되어 심폐 활동이 활발해지기도 한다. 하체 근력도 단단해져서 척추가 바르게 정렬되어 자세가 바르게 된다. 나이 들어도 넘어질 확률도 줄어들어 건강한 육체를 유지하게 된다. 정신도 맑아지고 상상력도 왕성해져 '건강한 육체에 건강한 정신'이라는 말을 실감하게 한다.

스페인 산티아고 여행 중에는 대성당 앞 광장인 오브라도이로에서 순례의 길을 1개월 이상 걸어온 순례자들을 많이 만났다.

그들은 900㎞ 거리의 고원 지대를 비와 추위에 시달리기도 하며 뜨거운 태양 아래서 걸어 야고보 성인의 무덤이 있는 산티아고까지 걸어온 것이다.

순례의 길을 걷는 사람들은 사람마다 차이가 있겠지만 나름대로 신념을 지니고 있을 것이다. 신앙인들은 성스러운 장소로 향한다는 마음의 신실함이 그의 믿음을 더욱 견고히 만든다. 어떤 사람들은 속

야고보 상에 손을 얹고 기도

죄의 마음으로, 어떤 사람은 자신의 능력의 한계를 경험해보는 기회로 삼아 걷기도 한다.

산티아고까지 걸어온 그들은 순례의 여행길은 끝났지만 그들의 가슴에는 평생 잊지 못할 귀중한 교훈을 얻은 체험이 남게 될 것이다. 힘들고 고통스러운 날들도 있었지만 떠나서 걸어야만 목적하는 바를 달성할 수 있다는 깨우침을 얻게 된다.

순례의 길을 따라 걷는 것은 매일 자신과 싸우며 깨닫고 성인을 만나 위로받고 새로움을 얻는 길이기도 하다. 이 순례의 길을 걸어온 사람들은 대성당의 야고보상에 손을 대고 기도하며 성인의 위로를 받고 그동안의 고통과 피로를 떨쳐버린다.

걷는 동안은 피곤하였으나 정신적 위로는 피로를 풀어주고 새로운 힘이 솟아나 정신과 육체와 영혼이 강건해지는 축복을 받게 된다.

여행 중 자연 속으로나 역사 문화 탐방으로, 또한 여유와 쉼의 산책이나 순례의 길을 따라 걷는 것은 새로움과의 만남이고 사유이며 고난을 통한 깨달음이다. 깨달음은 나에게 환희의 기쁨이 넘치게 하고 삶의 활력소가 되어 내 안에 젊음이 솟구치게 한다. 여행하면서 걷는 보람이고 여행을 떠나온 용기에 대한 가슴 벅찬 선물이다.

여행에서 느끼는 현재의 삶

오늘은 남미 여행 20일째 날이다. 지금 지구 최남단의 작은 항구 도시인 우수아이아Ushuaia 비글 해협 해안 길을 걷다 남극 방향을 바라보고 서 있다. 바닷바람이 시원하게 불어오고 있었다. 심호흡하며 바닷바람을 깊이 들여 마셨다. 속이 뻥 뚫리는 듯 시원한 느낌이 온몸으로 퍼지면서 상쾌한 기분이 들었다.

우수아이아의 비글 해협

지구 최남단 우수아이아

3년 전(2016년) 유럽의 제일 북쪽 땅 노르웨이의 노르카프에 서서 북극해에서 불어오는 바람을 심호흡하며 감격하였던 추억이 떠올랐다. 나는 북극과 남극은 가보지 못하였으나 지구의 제일 북쪽과 남쪽 땅에 서게 된 기쁨에 가슴이 벅차올랐다.

유럽 최북단 노르웨이 노르카프

나이 80세가 다되어 나의 버킷리스트 여행지를 찾아와 환희의 순간을 만끽하며 서 있는 것이다. 내가 소망한 과거의 희망이었던 미래의 꿈이 현재 현실로 이루어진 것이다.

유럽의 가장 북쪽 땅인 노르웨이의 노르카프는 북위 71도 10분 21초의 마게뢰위섬의 최북단이고, 지구의 가장 남쪽 땅인 아르헨티나의 우수아이아는 남위 55도 30분 부근 티에라델푸에고섬에 있다.

이 도시는 인구 6만 명의 자연 생태 관광지이자 남극 탐험의 기지이다. 파란 바닷가에 다양한 색상의 집들이 늘어선 작은 시가지에는 선물 상점, 카페, 레스토랑이 장난감처럼 예쁘게 형성되어 있고 도시가 산으로 둘러싸여 있어 아늑하게 느껴졌다.

우수아이아 시내

에클레르 등대섬

우수아이아 앞 비글 해협은 1832년 영국의 생물학자이자 지질학자인 찰스 다윈이 해군 측량선 비글호를 타고 탐험 길에 이 해협을 지나간 데서 붙은 이름이다. 우리는 배를 타고 6시간 동안 각종 바닷새와 바다사자, 가마우지, 펭귄의 서식지인 로스로보스섬과 로스파하로스섬, 그리고 외로이 떠 있는 지구 최남단의 빨간 작은 등대가 있는 에클레르 등대섬을 돌아보았다.

가마우지와 바다사자를 보고 1시간 이상 해협을 더 나가 펭귄들이 모여 사는 섬으로 갔다. 펭귄들이 섬 모래사장과 바위, 물속을 헤엄치며 관광객들을 맞이하고 있었다. 유람선은 육지까지 닿아서 관광객들이 좀 더 가까이 펭귄들의 모습을 보고 사진 촬영을 할 수 있도

비글해협의 펭귄 서식지

록 배려해 주었다. 이런 모습에 익숙한지 펭귄들은 사람들을 바라보며 아랑곳하지 않고 태연하게 행동하고 있었다.

펭귄들은 디우뚱 디우뚱 걷는 모습이 왠지 불안해 보인다. 그러나 물속에 들어간 펭귄은 날쌔기가 제비 같다. 펭귄은 포르셰보다 열 배는 더 잘 빠진 유선형의 몸매를 지니고 있다고 한다. 펭귄은 물속에서 헤엄치고 사냥하고 놀기에 더없이 좋은 신체 조건을 가지고 태어났다고 한다. 휘발유 1리터 분량의 에너지로 2,500㎞ 이상을 갈 수 있다고 하니 육지에서 하는 행동만 보고 불안해하는 것은 큰 오산이다.

비글 해협 수역에는 칠레와 아르헨티나 국경선이 있는데 비글 해협에 있는 작은 섬들 대부분이 아르헨티나 수역에 있어 비글 해협 투어는 우수아이아에서 출발하는 것 같다.

맑고 푸른 하늘에 여러 모양의 구름이 떠 있었다.

거센 비바람을 견디며 자란 작은 식물들로 덮인 섬과 푸른 하늘, 구름, 파란 바다의 아름다운 조화는 한 폭의 그림 같았다. 비글 해협에서 바라본 우수아이아는 부분적으로 만년설이 쌓여있는 산이 병풍처럼 둘러싸고 있어 아담하고 아름다운 도시 모습이 한눈에 들어왔다.

우수아이아는 남극과 불과 1,000㎞밖에 떨어져 있지 않다. 동쪽 대서양과 서쪽 태평양의 광활한 바다가 비좁은 비글 해협에서 만난

비글해협에서 바라본 우수아이아

다. 이 해협에서 수많은 일이 일어났으나 바다는 그 흔적을 남기지 않고 지금도 변함없이 출렁이고 있었다.

이번 여행은 오랜 세월 동안 간직하고 있었던 나의 꿈을 실행하는 여행이다. 1년 전에야 여행 계획을 세웠고 1년이 지난 오늘 쉽게 체험할 수 없는 남미 최남단의 이색적인 경관을 마주 보고 있으니 감격의 눈시울이 뜨거워졌다. 내 생애에 다시는 체험하기 어려운 뜻깊은 시간이다.

과거에 세웠던 미래의 여행 희망이 현재가 되어 현실로 내 앞에 나타난 것이다. 우리는 지구 반대편의 자연 경관과 생활 풍습, 역사를 만나보고 즐기면서 온몸으로 느끼며 눈과 가슴에 가득 담았다.

현재의 이 시간도 이 자리를 떠나면 과거가 되어 나의 삶에 잊지 못할 추억으로 남게 될 것이다. 3년 전과 2년 전 각각 한 달간 렌터

비글 해협에서

카로 여행했던 북노르웨이 여행과 스위스, 독일 여행이 아름다운 추억이 되어 내 안에 담기어 있듯이.

삶은 추억을 축적하고 회상하며 사는 것이라고 한다. 현재에서 세운 계획이 과거가 되고 미래가 현재가 되어 달성되는 것을 직접 목도하고 있다. 우리는 현재가 과거가 되고 미래가 현재가 되는 시간의 순환 과정을 거치며 살아간다. 현재는 시간의 중심이기에 현재에 집중하여 충실하게 살아가야 할 책임과 가치가 있다.

여행은 과거와 현재, 미래가 연속되는 시간 위에 있다. 과거의 미래에 대한 여행 계획이 현재가 되어 실행되고 현재는 과거가 되면서 그 실행된 경험 위에 또 다른 미래로 이어지는 계획을 세우게 되기 때문이다.

현재의 여행 장면을 사진에 담고 기록하여 두었다가 훗날 이를 보면 회상되어 과거의 추억은 즐거움과 기쁨이 가득한 행복감으로 느껴지게 될 것이다. 그 느낌의 자극으로 또 다른 지역에 대한 미래 여행 계획을 세우는 것이 여행이 품고 있는 연속성이다.

요즈음 사람들이 "현재를 잘 살라"는 말을 한다.

1980년대 유명 영화의 대사로 인용된 경구 '카르페 디엠carpe diem'도 '현재, 이 순간'의 중요성을 강조하는 말로 회자 된 바 있다.

카르페 디엠은 고대 로마의 시인 호라티우스 시 오데즈Odes의 마지막 구절에 나오는 경구 "오늘을 즐기라"를 인용하였는데 "현재를 잡아라"로 도 알려져 있다. 이 경구는 도전과 자율 정신을 상징하는 대사로 많이 쓰여 유명해졌다. 그런 의미에서 본다면 도전과 자율 정신에 부합되는 행위가 여행이 아닌가 하는 생각이 든다.

먼 지역으로의 여행은 스스로 계획하고 결단하는 용기가 있어야 실행할 수 있는 것이다. 이런 여행을 하기 위해서는 현재 시점에서 과거의 추억을 회상하며 미래를 긍정적으로 바라보면서 마음속에 희망을 품고 충실하게 살아가는 생활 자세를 가지는 것이 중요하다.

사람들은 신체 조건에 맞게 젊어서는 먼 거리의 중남미, 아프리카, 유럽을 여행하고 나이 들어서는 가까운 거리의 일본, 중국, 동남아 지역을 여행하도록 권한다. 그러나 우리의 실정은 젊었을 때는 바쁜 현업에 매달리다 보니 장시간 여유로운 시간을 내기가 어려워 먼 거리 여행을 할 수 없기에 다음 기회로 미루고 짧은 휴가 기간에 가까운 지역으로 잠시 출장이나 여행을 다녀오는 경우가 대부분이다.

은퇴 후에는 시간적 여유가 있다 보니 비록 나이는 들었으나 먼 거리로 여행을 떠나게 된다. 나 역시 남미 여행을 떠나고 싶었으나 여건이 여의치 않아 뒤로 미루어 오다가 80세가 다되어 여행 계획을 세우고 여행길에 들어서니 육체적 갈등이 생겼다.

긴 비행시간이나 열다섯 번의 항공기를 갈아타는 것뿐만 아니라, 해발 고도 3,500m가 넘는 쿠스코와 볼리비아 고원 지대에서의 고산병은 젊었다면 개의치 않았겠지만 80이 다된 나이라 걱정도 되고 불안하기도 하였다.

여행 현지에서는 실제로 고생도 하고 호흡 곤란 증세로 밤에 잠자기도 힘들어 수면 유도제를 먹고 겨우 3~4시간 자기도 하였다. 고통스러운 시간이었지만 이 역시 아름다운 추억으로 기억되기를 기대하며 다녔다.

인간은 불안과 번뇌 속에서도 모든 역경을 극복하며 행복을 추구해 간다. 현재까지 살아온 삶에서 얻은 경험과 지혜로 상황을 바르게 인식한다면서도 새로운 상황에 직면하게 되면 늘 갈등이 생기고 고민하게 된다.

그래도 아직은 극복해보고 싶은 열망이 있어 짐을 챙겨 길을 떠났고, 현장에서 우려했던 상황을 만나 이를 극복하고 적응하는 과정을 거치면서 번뇌를 즐거움으로 바꿔나갔다. 힘든 여행길이었지만 좋은 추억으로 오래 간직되기를 기대하면서 긍정적인 마음으로 받아들이며 다녔다.

대자연의 경이로움과 역사적 유물들에서 인간의 불가사의한 능력을 실감하며 감탄하기도 하였으나 현재의 시점에서는 이해하기가 쉽지 않았다. 그러나 당시에 일어났던 역사적 상황을 역사의 흐름으로 받아들이니 수긍이 되었다. 더욱이 직접 현장 체험으로 터득하였다는 성취감이 기쁨의 희열이 되어 내 온몸으로 퍼져가는 것을 느꼈다.

어려운 환경을 극복해 가는 과정에서 성취감과 기쁜 마음을 가지면서 나 스스로 보다 똘똘해지고 단단해져 가는 것을 느꼈다. 이것이 이번 여행에서 얻은 소득이라면 소득이다. 따라서 여행은 현재의 삶을 충실하게 살아가도록 하여 줄 뿐만 아니라 미래를 향한 용기와 자신감을 지니고 살아가도록 나를 깨우치면서 이끌어 가고 있었다.

세계 여행으로 우리와 다른 여러 나라의 경관, 생활 풍습을 보고 경험하면서 육체적 시야뿐 아니라 정신적 시야도 넓어지니 릴케의 시 '넓어지는 원'이 생각났다.

넓은 원을 그리며 나는 살아가네
그 원은 세상 속에서 점점 넓어져 가네
나는 아마도 마지막 원을 완성하지 못할 것이지만
그 일에 내 온 존재를 바친다네

여행은 내 삶의 원을 좀 더 넓혀주었다.

내 나잇대의 사람들은 대부분 일상의 변화를 원치 않고 편안하게 살아가려고 한다. 건강 탓도 있으나 마음이 변화를 원치 않는 일상의 삶에 젖어 지내기 때문이다. 어제가 오늘이고 오늘이 내일이 되는 하루가 반복되는 무미건조한 삶이다. 인생을 그저 흘러가는 것으로 받아들인다.

존 러스킨은 '인생은 흘러가는 것이 아니라 채워지는 것'이라고 했다. 여행은 하루가 지나 또 하루가 시작되나 오늘은 어제의 하루가 아니다. 새로운 풍광, 신비, 풍습, 사람들을 만나면서 새로운 하루가 되어 매일 새로움이 내 안에 담기어지고 채워지면서 현재의 내 삶의 원은 세상 속에서 점점 넓게 커지면서도 깊어지고 있었다.

여행에서 만난 즐거운 미각

아르헨티나의 수도 부에노스아이레스Buenos Aires의 첫인상은 도시의 모든 것이 넓고 크고 아름다웠다.

시가지 중앙을 남북으로 관통하는 7월 9일의 큰 거리인 아베니다 누에베 데 홀리오Avenida Nueve de Julio를 보기 위하여 갔다. 1816년 7월 9일 산마르틴 장군이 아르헨티나 독립을 선언한 날을 기념하기 위해

부에노스아이레스 거리

명명된 거리이다. 차선은 22차선이고 도로 폭이 144m로 세계에서 가장 넓은 거리로 알려져 있기에 기대를 하고 갔으나 버스 중앙차선제가 시행되고 있어 그 넓은 도로가 넓게 보이지 않았다.

전 아르헨티나 대통령이 부에노스아이레스 시장 시절 한국을 방문하여 당시 이명박 서울시장이 만든 버스 중앙차선제를 보고 이 도로를 버스 중앙차선제로 만들어 버렸다고 한다. 실망감을 안고 돌아섰다. 부에노스아이레스는 페드로 데 멘도사가 계획하여 건설한 도시이다. 시가지는 100m 간격으로 바둑판처럼 질서정연하게 조성되어 있었다. 차량은 주도로를 제외하고는 대부분 일방통행으로 교통은 소통이 원활하였다.

부에노스아이레스에서 가장 아름다운 광장 중 하나인 산마르틴 광

호세 데 산마르틴 장군 동상이 서있는 산마르틴 광장

장은 아르헨티나를 해방한 호세 데 산마르틴Jose de San Martin 장군을 기리는 광장이다. 활기찬 모습의 장군 기마 동상이 푸른 숲에 둘러싸여 있었다. 석양빛이 기마 동상을 붉게 물들이는 것을 벤치에 앉아 바라보며 여행 중 쉼의 시간을 가져보았다.

라틴 아메리카 독립운동의 지도자 호세 데 산마르틴은 아르헨티나에서 태어나 고국인 스페인으로 돌아가 군인이 되었다. 그는 34세 때 사직하고 라틴 아메리카 혁명군 사령관이 되어 아르헨티나 독립운동에 헌신한 사람이다. 그는 안데스산맥을 넘어서 스페인군을 격파하고 칠레를 독립시켰다. 칠레 함대를 보강하여 페루 리마를 함락하여 페루 독립을 선언하고 '페루의 보호자'

대성당에 안장된 산마르틴 장군

라는 칭호를 받으며 군사와 정치 최고 책임자가 되었다. 그러나 그는 남아메리카 독립운동 지도자인 시몬 볼리바르Simon Bolivar에게 해방 운동의 지휘를 맡기고 페루를 떠나 프랑스에서 은둔생활을 하다가 사망했다. 그는 베네수엘라 출신의 볼리바르와 함께 라틴 아메리카 해방의 영웅으로 숭앙받고 있다. 그의 유해는 사망 후 30년만인 1880년에 부에노스아이레스로 옮겨와 이곳 대성당에 안장되어 있다.

산마르틴 광장에서 시작되는 플로리다 거리는 이 도시에서 가장 번화한 곳으로 레스토랑, 카페, 바, 갤러리 등이 즐비하게 들어서 있다. 보행자 전용 도로에는 사람들이 활기차게 다니고 있었다. 남미의 파리라고 일컫는 구시가지의 아름다운 거리에 매료되어 들뜬 마음

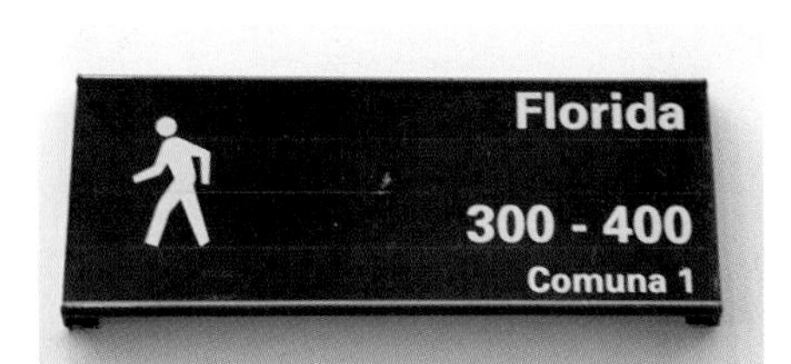

플로리다 거리

으로 이 거리 저 거리를 돌아다니며 상점을 드나들었다.

산마르틴 광장에서 1㎞ 북서쪽에는 레꼴레타 묘지가 있다. 도심에 호화스럽기 그지없는 묘지가 있다니 이해가 잘되지 않았다.

1882년부터 만들기 시작했다는 이 묘지는 6,400기의 납골당 가운데 70기가 국가 문화재로 지정되어 있다. 역대 대통령도 13명이나 묻혀있다. 다양한 색의 대리석으로 아름답게 만들어 놓았다.

미로 같은 묘지 길을 따라 관광객들이 많이 찾는 곳은 에바 페론 묘지이다.

레꼴레타 묘지

그녀는 미모의 삼류 배우였다. 25세 때 육군 대령 페론을 만나 결혼하였다. 1946년 페론이 대통령에 당선되자 분배 우선 복지 정책인 페로니즘이 그녀를 성녀聖女로 만들었다. 병들어 고생하다 1952년 34세의 나이로 죽었다. 아르헨티나 경제를 무너뜨리고 일을 하지 않으려는 사회 풍토를 조성한 장본인이기도 하다. 그러나 세월이 지나면서 경제 실정도 역사의 흐름 속에 함께 묻혀버린 모양이다.

어둠이 내릴 무렵 신시가지로 들어가 거리의 탱고 춤을 관람한 후 식당으로 갔다. 여행 중 빼놓을 수 없는 것이 먹는 즐거움이다. 우리를 안내해준 지인이 저녁 식사 메뉴로 아르헨티나의 전통 음식인 아사도Asado를 선정하여 주었다. 여행하면서 그 나라의 전통 음식을 먹어보는 것도 잊지 못할 여행 추억이 된다.

아사도는 일종의 바비큐 요리이다. 본래는 가우초(아르헨티나 카우보이)들의 요리였다고 한다. 소의 갈비뼈 부분이 통째로 구워져 나오

가우초 요리

는데 원하는 만큼 잘라준다. 소의 갈비뼈뿐 아니라 여러 부위와 구운 돼지고기도 요구하는 부위를 마음껏 칼로 썰어 주었다. 숯불에 구운 고기 맛이 일품이어서 맥주를 곁들여 좀 과식할 정도로 많이 먹었다.

서울의 강남에 아르헨티나에서 살다 온 젊은 요리사가 조리하는 아사도 음식점에서 시식한 적이 있어 친근감을 가지고 맛있게 먹었다.

아르헨티나는 농업과 목축업이 산업의 근간이다. 이들 1차 산업이 국가 경제 주축으로 수출의 50%를 차지하고 있다. 목축업은 국토의 40%가 목장이고, 10%가 사료 작물과 목초지이다. 소와 돼지, 양고기가 많이 생산되는 관계로 국민 1인당 육류 소비량은 세계 1위라고 한다.

음식들도 고기를 재료로 한 뿌체로Puchero(고기, 야채스프), 빠리야다Parillada(소의 간, 창자 등 내장 소금 구이요리), 엠빠나다Empanadas(고기만두) 등을 빠리자Prrillas(숯불구이)라고 쓰인 식당에서 최고의 맛을 즐기며 양껏 먹을 수 있다.

맛있는 음식을 배불리 먹고 아름다운 도시 야경을 감상하며 강변을 따라 한동안 걸었다. 시원하게 불어오는 강바람을 맞으며 걷다 보니 세계 여행 중 인상적이었던 먹거리 여행 추억이 떠올랐다.

2015년 스페인의 세고비아 여행 중 이 지역 명물인 새끼돼지 통구이인 코치니요Cochinillo Asado를 맛있게 먹었던 추억이 있다. 로마 수도교 앞에 있는 식당으로, 접시를 깨어 칼같이 고기를 자르는 시범을 보여줄 정도로 육질이 부드럽고 쫀득하여 맛있게 먹었다.

스페인 여행 중 자주 먹었던 것은 하몽Jamon이다. 돼지 뒷다리의 넓적다리 부분을 통째로 소금에 절여 건조하거나 훈연해 만든 것으로 분홍색을 띠는 돼지인 하몽 세라노Jamon Serrano와 흑돼지로 만든 하몽 이베리코Jamon Iberico가 있다. 하몽 이베리코가 맛이 좋고 훨씬 비싸다.

하몽을 얇게 썰어서 빵이나 멜론과 함께 식사 대용으로 많이 먹었다. 와인 안주로도 제격으로 지금도 하몽 생각이 종종 난다.

하몽과 멜론, 와인

스페인 사람들은 먹는 것을 즐거워하여 하루에 식사를 5번 한다. 이들에게 식사하는 것은 인생에 있어 최대의 즐거움이다.

스페인 요리는 저렴하고 한국 사람 입맛에 잘 맞아 부담 없이 여러 가지 종류의 음식을 먹으며 여행을 즐긴 추억이 있다. 남미의 국가들도 스페인의 영향을 받아서인지 음식이 우리 입맛에 맞았다.

2016년 노르웨이 여행 중에는 연어를 많이 먹었다.

노르웨이는 물가가 비싸서 마트에서 식재료를 사서 아파트에서 요리하여 먹곤 하였다. 싱싱한 생연어는 특별한 조리법 없이 구워서 먹어도 입안에 들어가면 달콤하게 녹아 들어가는 것이 우리나라에서 먹던 연어와는 전혀 다른 식감이었다.

노르웨이 북부로 올라가면서 순록고기, 말린 대구를 익혀서 토마토 소스와 함께 먹는 바카라오Bacalao도 잊을 수가 없다. 눈 속 청정 지역과 차가운 바다의 고기와 생선이어서 그런지 육질 자체가 단단하고 담백하여 입맛을 돋우어 주었다. 노르웨이 사람들의 '세계의 식재료는 노르웨이로부터'라는 자부심 있는 캐치프레이즈를 실감하였었다.

2017년 스위스와 독일 여행 중 스위스 인터라켄에서 로잔으로 이동 중 그뤼에르의 백작 가문의 영지였던 그뤼에르Gruyeres에 갔었다. 그곳은 작은 마을이었다. 이곳에서 생산되는 그뤼에르 치즈는 세계적으로 널리 알려져 있다. 우리는 그뤼에르 성을 돌아보고 식당에서 라클렛Raclette과 치즈 퐁뒤Fondue로 식사를 하였다.

라클렛은 치즈를 불에 직접 녹인 다음 녹인 단면을 칼로 살짝 긁어 삶은 감자와 빵, 피클을 곁들여 먹는 것으로 생각보다 느끼하지 않고 치즈의 풍미를 즐길 수 있었다. 처음에는 먹는 방법을 몰라 당황했으나 웨이터가 친절하게 식사법을 알려주어 와인을 곁들여 맛있게 먹었다.

치즈 퐁뒤는 저장하고 있던 2~3가지의 치즈를 약간의 화이트 와인

치즈요리인 라클렛

과 녹말가루를 넣어 함께 녹인 다음 주사위 모양으로 네모나게 자른 빵을 기다란 포크로 치즈에 찍어 먹는 것이 재미있어 즐겁게 먹었다.
목축업이 발달한 스위스 지역에서는 우리의 김치와 같은 치즈를 알프스에서 생산되는 감자 등을 이용하여 함께 먹는 음식이 많이 있었다.

독일 여행 중에는 로텐부르크 구시가지 한복판에 있는, 호텔 주인이 주방장을 겸하고 있는 작은 호텔에 숙박하였다. 우리 가족을 위하여 자기가 직접 추천하고 주문받아 만든 음식을 서브하여 주었다. 3인이 각자 다른 음식을 주문하여 서로 맛을 보며 먹어보았다.
자우어 브라텐Sauerbraten은 소고기를 와인과 식초, 향신료 등에 재워

구운 다음 소스에 끓여 감자, 야채와 곁들인 요리로 고기가 연하여 씹을수록 고기의 달콤한 맛이 향기로웠다.

슈바인 학세Schweinshaxe는 돼지고기 요리로 겉은 바삭하고 속은 부드러운 맛이 일품이었다. 부어스트Wurst은 약간 검게 그을린 소시지에 겨자 소스를 곁들인 것으로 그 맛은 지금까지 먹었던 소시지 중 최고였다. 프랑케 와인과 곁들인 로텐부르크에서의 저녁 식사는 소고기, 돼지고기, 소시지의 진맛을 입안 가득히 담았던 추억의 식사였다.

해외여행에서는 우리가 평소에 보지 못했던 경관, 풍습, 역사, 문화를 만나 체험하는 중에 여러 나라의 특징 있는 음식을 먹어볼 수 있다는 것이 여행하는 즐거움을 배가시켜준다.

여행 중 보는 것, 느끼는 것, 먹는 것이 다 아름다운 추억이 된다. 여행이 설레고 기쁘고 기대되는 것은 먹는 즐거움도 있기 때문이다. 젊은이들이 먹거리를 우선시하며 여행하는 이유를 알 것 같다.

여행하는 나라에서는 그 나라의 전통적인 음식을 먹어보며 다녀보자. 또 다른 여행의 즐거운 추억이 만들어질 것이다.

여행 중 만나는 축제

2월의 리우데자네이루Rio de Janeiro는 작열하는 태양으로 무더운 한 여름이었다. 활처럼 휘어있는 코파카바나 해변에는 세계 각국에서 모여든 피부색이 다양한 용모의 관광객과 대담하게 노출된 수영복을 입고 보란 듯이 다니고 있는 모습이 푸른 하늘, 파란 바다, 따가운 태양 볕과 어울려 더욱 매혹적으로 보였다.

코파카바나 해변

딸과 함께 파도가 밀려오는 모래사장을 밟으며 모래사장 끝까지 걸었다. 이파네마 해안으로 넘어가는 해변 끝자락에 있는 카페에 앉아 맥주와 콜라를 마시며 리우의 아름다운 해안과 조화를 이루고 있는 해변의 건물들을 한동안 바라보았다.

해변 길이가 무려 5㎞로 해변 끝이 보이지 않을 정도였다. 해변과 인접한 고급 호텔과 레스토랑, 쇼핑가 등이 즐비하게 들어서 있었다.

남쪽에 있는 이파네마 해안 해변에서는 감미로운 재즈곡이 들려오고 있었다. 1960년대 중반에 큰 인기를 끌었던 '이파네마에서 온 소녀' 곡이다. 브라질의 안토니우 카를루스 조빙이 1962년에 작곡한 보사노바 노래이다. 이 곡은 이곳의 카페에 앉아 한 소녀를 보고 만든 노래로 보사노바 리듬을 탄생시킨 곡이 되었다. 이파네마 해변의 소

팡데 아스가르에서 바라본 리우데 자네이루

녀가 지닌 매혹적인 아름다움과 자신의 외로움을 표현하고 있는 곡이다.

1502년 1월 브라질에 도착한 포르투갈인들은 이 지역의 만의 입구를 강으로 생각하고 '1월의 강'이라는 뜻의 포르투갈어인 리우데자네이루라고 이름을 붙였다고 한다. 예수상이 있는 코르코바도 언덕과 케이블카로 올라간 팡데 아스가르에서 리우데자네이루를 바라보았다. 산과 해변을 품고 있는 아름다운 도시 풍경이 한눈에 들어왔다.

나폴리, 시드니와 더불어 세계 3대 미항이라고 하지만 내가 보기에는 리우가 가장 아름다워 보였다. 지구에서 우리나라와 정반대 쪽 도시에 와서 산과 해변, 건물이 조화를 이룬 아름다운 해변 도시를 보게 되니 온몸이 감동으로 벅차올랐다. 말로 다 표현할 수 없었다. 여행의 기쁨이고 보람이다.

리우는 세계 3대 축제인 삼바 축제가 우리가 도착한 다음 주부터 시작되기 때문인지 사람들이 축제 옷을 입고 시내를 활보하고 있었다. 곳곳에서는 경연대회가 열려 사람들이 축제 분위기로 들떠 있었다. 사방에서 들여오는 보사노바와 삼바의 리듬, 여름철의 진한 나상들은 여행객들의 마음을 들뜨게 하였다. 내 가슴도 뜨거워졌다.

리우데자네이루의 삼바 축제Carnival do Rio de Janeiro는 독일의 옥토버페스트October fest 맥주 축제, 일본의 삿포로 눈 축제와 더불어 세계 3대 축제로 알려져 있다. 하지만 열기 면에서는 한여름의 삼바 축제가 최고로 인기가 있는 것 같다.

코르코바도 언덕의 예수상

이 삼바 축제는 포르투갈에서 브라질로 건너온 사람들의 사순절 축제와 아프리카 흑인 노예들의 전통 타악기 연주와 춤이 합쳐져서 생겨났다. 그것이 발전하여 20세기 초에 지금과 같은 형식의 카니발이 형성되었다.

1920년대까지만 해도 일반적인 거리 축제에 불과했던 삼바 축제는 1928년 삼바 학교가 설립되면서부터 학교 수가 점차 늘어나 학교별 퍼레이드가 펼쳐지기 시작하여 지금과 같은 세계적 축제로 발전한 것이다.

축제 열기가 갈수록 고조되어 브라질 정부는 삼바 축제 기간을 국경일로 정하였다. 16개 삼바 학교가 참석하여 4일간의 축제를 위해

삼바 축제 (출처:Flickr_ⓒMichael Maniezzo)

1년 동안 준비를 한다고 한다. 이 축제 기간에는 모두가 신분이나 나이를 잊고 다 같이 함께 어울려 삶을 흥겹게 즐긴다.

축제가 흥겨운 것은 인간 본연의 자세로 돌아가 춤추고 노래하고 먹고 놀이하고 싶어 하는 인간 본성의 발로이기 때문이다.

세계 여행을 하다 보면 나라별로 특징 있는 축제가 있어 함께 즐기며 지내는 것을 볼 수 있다.

2016년 7월 스페인 여행 중에는 스페인 북부 바스크 지역의 팜플로나에서 열리는 산 페르민 축제 전야제와 엔시에르Encierro라고 하는 소몰이 축제에 참석한 적이 있다.

이 축제는 매년 7월 6일부터 14일까지 이 도시의 수호성인 성 페르민San Fermin을 기리는 축제이다. 이 기간에 교회가 주최하는 종교 행사와 더불어 민속 음악과 춤 공연, 장작 패기 같은 바스크 지방의 전통 경기 등 150여 개의 축제 행사가 팜플로나 전역에서 펼쳐진다.

산 페르민 축제는 매일 아침 열리는 소몰이와 저녁에 열리는 투우 경기로 인해 세계적으로 유명하게 되었다. 이 경기 행사는 축제 참가자들을 극도로 흥분하게 만든다.

전 세계에서 500만 명이 몰려와 숙박 시설이 부족하여 행사 기간 간에는 자유롭게 노숙할 수 있도록 허용하고 있었다. 특히 전야제는 거리마다 집 베란다에서 뿌려지는 포도주 세례를 받아 흥겹게 휘청거리는 인파로 도시 전체가 광란의 도가니가 된다. 우리도 이 분위기에 휩쓸려 들뜬 기분으로 다녔다. 아침의 소몰이인 엔시에로도 침가하여 보았다.

거리뿐만 아니라 집의 베란다까지 꽉 찬 인파 속에서 열광하는 축제 참가자들과 함께 나를 잊고 군중들과 어울려 흥분에 들떴던 추억이 지금도 생생하다.

이 축제가 더욱 세계적으로 유명해진 것은 어니스트 헤밍웨이의 영향이 컸다. 헤밍웨이는 1923년 여행 중 우연히 산 페르민 축제에 참여했다가 엔시에로와 투우 경기에 깊은 인상을 받아 소설 《태양은 다시 떠오른다. The Sun Also Rise》에 그 체험을 담았다.

그 후로도 여덟 차례나 참가한 헤밍웨이는 산 페르민 축제에 대한 소감을 여러 글에 실은 바 있다. 팜플로나시는 이를 기념해 1968년 헤밍웨이 동상을 건립하고 그의 이름을 붙인 거리와 공원을 만들었다.

스페인은 유난히 축제가 많은 나라이다. 이런 우화도 있다.

스페인 팜플로나의 소몰이 축제

오래전 스페인에 착한 왕이 있었다. 나쁜 짓을 한 사형수를 불쌍히 여긴 왕은 사형수에게 마지막 소원을 들어줄 테니 소원을 말해보라고 했다. 한참 동안 생각에 잠겨있다 입을 연 사형수는 "이 나라에서 축제가 열리지 않는 날 죽게 해주십시오."라고 소원을 말했다. 이 사형수의 형 집행은 언제 되었을까? 스페인은 지방마다 크고 작은 축제가 워낙 많다 보니 이 사형수를 죽일 기회가 지금까지 없었다는 우스갯소리다.

축제는 그냥 사람들이 모여 노래하고 춤추며 노는 시끌벅적한 난장판이 아니다. 우리의 지친 심신에 새로운 힘을 주고 남녀노소 신분 구분 없이 모두가 하나가 되고 동화되는 문화이다.

2017년 독일 여행 중 뮌헨에서 3일간 있었다.

독일 하면 맥주, 맥주 하면 뮌헨이 떠오를 정도로 맥주로 유명한 뮌헨은 세계 최대의 맥주 축제인 '옥토버 페스트'가 열린다. 매년 9월 셋째 주부터 10월 첫째 주까지 약 3주에 걸쳐 뮌헨의 테레지엔 비제 Theresien Wiese에서 열리고 있다. 그러나 우리 여행 여정이 축제 기간과 맞지 않아 참석할 수 없었다. 아쉬움이 있었으나 축제가 열리는 현장은 찾아가 돌아보았다. 축제 기간에는 매년 6백만 명의 축제 참가자들로 뮌헨시가 떠들썩하다고 한다.

이 축제는 1810년 바이에른의 왕 루트비히 1세와 테레제 공주의 결혼 축하 행사에서 유래되었다. '테레지엔 비제'는 뮌헨 중앙역 남서쪽에 있는 넓은 잔디밭의 장소명으로 왕비의 이름에서 비롯된 것이다. 비제Wiese는 잔디밭이나 초원을 뜻하는 바이에른식 표현이다.

축제 기간에는 보통 수천 명에서 만 명까지 수용 가능한 거대한 천막을 설치한다고 한다. 그리고 전통 의상을 입은 종업원들이 맥주를 판매한다. 축제 내내 맥주와 다양한 독일 음식과 음료를 먹고 마시며 전통 음악과 다양한 공연을 즐겨 보고 거리 행진도 한다.

세계적으로 명성이 나 있는 축제도 많으나 나라별 크고 작은 축제가 내일이 멀다 하고 열리고 있다. 여행 기간 중 여행하는 도시에서 축제일을 맞이하게 되면 흥겨워지고 그 나라의 문화와 접할 수 있게 되니 알찬 여행이 된다.

스페인 북부를 여행하던 중 부르고스Burgos에서 3일간 머무는 기간(6.25~27)이 부르고스에서 가장 중요한 축제인 베드로, 바울 성인을 추앙하는 축제 기간이었다. 시청 앞 광장에서 열리는 저녁 행사와 대

스페인 부르고스의 축제

성당 앞 음악회에 참석하여 수많은 현지인을 비롯한 관광객들과 어울려 성스럽고 흥겨운 밤을 보내기도 하였다.

새벽에는 잠을 설쳐가며 호텔 방 창문을 열고 축제를 기념하는 불꽃놀이를 한 시간 동안 바라보았다. 먼 이국 여행 중 만난 축제에 빠져들었던 즐거운 추억이 아직도 느껴진다.

세계 각국의 축제는 그 나라의 문화가 배어있다. 축제 행사에 참석하게 되면 각기 다른 나라 사람들과 함께 행진하고 춤추고 노래하며 먹고 마시는 가운데 그들의 문화를 이해하고 즐기는 기회를 얻게 된다.

부르고스의 축제 불꽃놀이

우리나라도 예부터 축제일에는 마을 사람들이 모두가 꽹과리, 북, 나팔, 피리 부는 악단을 따라 거리를 돌며 흥겹게 지냈다. 축제는 남녀노소 신분의 귀천 없이 다 같이 참여하여 함께 즐기는 평등의 날이다.

축제는 모두에게 좋은 날이다. 축제에 적극적으로 참여하지 않더라도 분위기에 휩싸여 절로 흥에 겨워진다. 나이는 들었으나 아직도 분사될 수 있는 젊은 기운이 내재 되어있는 것을 축제 속에서 느낀다.

여행 중 만나는 축제들은 여행자의 마음을 흥겹게 하여주고 은연중에 젊음을 되찾아 외부로 발산하게 하는 추억의 여행이 되게 했다. 그래서 여행하는 곳마다 축제가 있는지 확인해보고 참석하곤 했다. 리우데자네이루는 며칠 남지 않은 축제로 분위기가 무르익어 들떠 밤거리 광장마다 사람들이 모여 음악에 맞추어 노래하고 춤추며 흥

축제를 앞둔 리우데 자네이루의 밤거리

을 돋우고 있었다.

딸내미도 축제 분위기에 동화되어서인지 그 속에 들어가 춤추며 마음껏 즐기고 있었다. 짧은 시간이었지만 들뜬 마음으로 해변과 시가지를 흥에 겨워 다녀보았다.

한 달간의 남미 여행 마지막 밤을 축제 분위기 속에 보내면서 이곳으로 여행한 자체가 내 인생 여정의 축제였다는 기쁨이 온몸으로 퍼져 스며들었다. 고생도 하였으나 영원히 기억될 즐거움과 행복 가득한 남미 여행이었다.

Part 02

스위스 여행

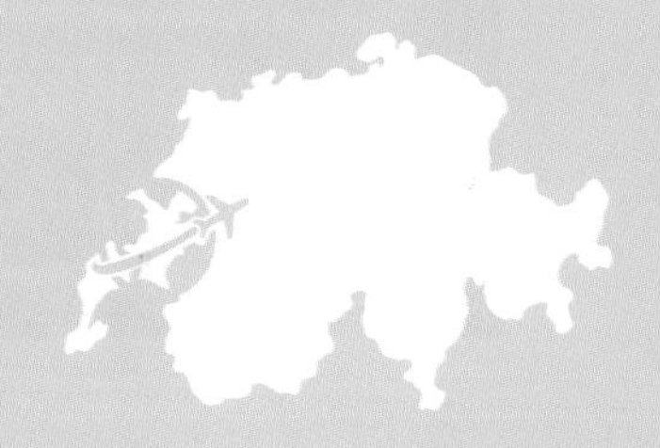

작곡에 담긴
작곡가의 사랑

스위스 루체른 여행 중 리하르트 바그너 박물관에 갔다. 도로변 숲 안에 주차장도 없는 단독 건물이다. 자그마한 안내 간판이 나뭇가지에 가려 눈여겨보지 않으면 찾기 어렵다. 찾는 사람이 별로 없는지 한가하다.

루체른에 있는 바그너 박물관

독일 출신 작곡가 바그너의 박물관이 왜 이곳에 있는 것일까?

이번 여행길의 스위스 취리히와 루체른, 독일의 퓌센과 뮌헨에서 독일 작곡가 바그너의 사랑에 얽힌 여러 이야기를 만났다. 빌헬름 바그너W.R.Wagner(1813~1883, 독일)는 라이프치히에서 태어났으나 성장기는 드레스덴에서 보냈다. 가정환경이 어려워 청소년기에는 적잖은 고생을 하며 방황을 하였다. 그러나 지휘자, 합창단 단장, 편곡자 등 음악과 관련된 일이라면 가리지 않고 했다.

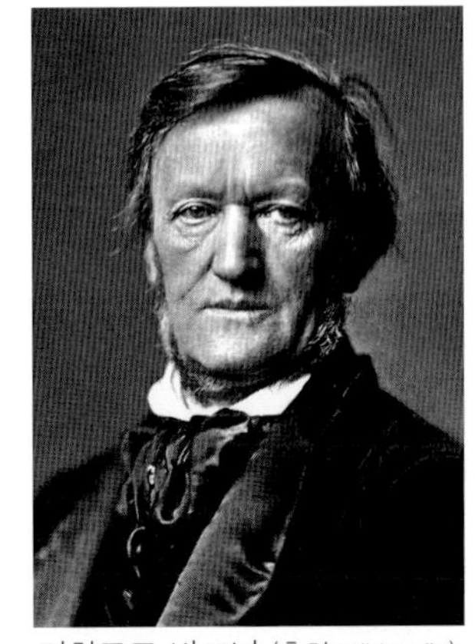

리하르트 바그너 (출처:wikipedia)

그는 막데부르크 오페라의 음악 감독이 되어 오페라 '금지된 사랑' 작곡을 계기로 작곡가의 삶을 시작하게 된다. 그러나 23세의 바그너는 경제적 곤궁으로 생활이 불안정하였다. 네 살 연상의 미모의 여배우 민나 플라너Minna Planer와 결혼하여 30년간 결혼생활을 하면서 바그너의 잦은 외도로 아내 플라너는 불행하였다.

바그너는 작곡가가 되고자 하는 열망을 품고 예술의 도시 파리로 가 생활(1839~1942년)했다. 이 시기에 리스트와 만나게 된다. 그 후 다시 독일로 돌아와 '방황하는 네덜란드인'을 작곡하게 된다. 이 곡은 바그너 자신의 시와 음악으로 이루어진 첫 오페라 작품으로 1842년, 1843년 드레스덴에서 초연되어 대성공을 거두었다. 그로 인해 바그너는 드레스덴 궁정 오페라 지휘자로 임명된다. 그러나 1849년 36세에 혁명에 가담한 혐의로 체포 영장이 발부되자 망명길에 오른다. 당

스위스 취리히

시 독일에서는 연방 정부를 통합한 강력한 통일 국가를 열망하는 민족 운동이 일어나고 있었다. 바그너는 이 운동에 매우 열성적으로 가담했다.

1849년 봉기가 일어났으나 작센과 프로이센 연합군에 의해 봉기는 진압되었다. 주모자에 대한 체포 영장이 발부되자 리스트의 도움을 받아 바그너는 파리를 경유 스위스 취리히로 피신하여 12년간의 망명 생활을 하게 된다. 망명 기간 중 창작에 몰두하여 각종 저서를 저술하였다.

대작 '니벨룽의 반지'가 이 시기 작품이다. 일명 '반지 시리즈'로 불리는 이 작품은 '반지의 제왕'의 모태이기도 하다.

트리스탄과 이졸데 (출처:wikipedia_에드먼드 블레어 레이턴 作)

바그너는 이 작품 집필 중에 마틸데라는 15세 연하의 여인을 사랑하게 되어 집필을 일시 중단하기도 하였다. 이 여인이 취리히에서 10년 넘는 망명 생활을 도와준 베젠 동크 백작의 부인이었다. 바그너와 베젠 동크 백작과의 관계는 불편하게 되었다.

바그너는 취리히를 떠나 베네치아와 루체른으로 와 그곳에서 그녀와 이루어질 수 없던 사랑을 '베젠 동크 가곡집'과 음악극 '트리스탄과 이졸데'에 담았다.

바그너는 1861년 특별 사면으로 독일로 돌아와서 1865년 당시 뮌헨의 유명한 지휘자 한스폰 뷜로의 지휘로 '트리스탄과 이졸데'가 초연되었다. 중세 유럽을 배경으로 하는 비극적 사랑 이야기인 이 음악극은 매우 난해하다는 평가를 받았으나 뷜로의 탁월한 해석과 지휘로 독일뿐 아니라 유럽 전역에 큰 파장과 함께 감동을 일으켰다.

이후 뷜로의 지휘로 '뉘른베르크의 명가수'가 초연되면서 바그너의 명성은 최고조에 이르게 된다. 하지만 뷜로의 아내이자 리스트의 딸인 코지마와의 스캔들이 알려지면서 바그너는 도덕적 평가에 큰 상처를 입게 된다. 바그너와 코지마 사이에 딸이 태어나 비난이 빗발치자 후원자 역할을 한 루트비히 2세 왕이 스위스 루체른호 인근에 마련해준 빌라에서 지냈다. 여기서 31살 젊은 니체를 만나 교류하게 된다.

루트비히 2세 (출처:wikipedia)

그 후 아내 민나가 죽자 결국 코지마와 결혼(1870년)하게 된다. 바그너에게 아내를 빼앗긴 지휘자 한스 폰 뷜로는 바그너를 맹렬히 비난하였다.

바그너와 브람스는 동시대에 활동하였는데 브람스는 고전주의 전통을 고수하였으나 바그너는 진보적이고 실험적으로 음악을 독립적인 장르로만 보지 않고 시와 음악과 극을 융합한 '종합예술 작품'인 악극으로 만들었다. 그로 인해 음악을 고유의 장르로 여겨온 음악가들의 비난을 받게 되었는데, 뷜로는 브람스 편에 서서 바그너를 비판한다.

감정 표현에 솔직했던 바그너는 여인들과 많은 염문을 뿌렸고 이루지 못한 사랑은 그의 작품 활동에 동력이 된 셈이다. 그는 일평생 시종일관 사랑과 평화를 동경하여 그의 작품을 통해 그것의 이상을 실현하려 노력했다.

- 육욕적인 사랑과 정신적인 사랑의 투쟁에서 결국 정신적인 사랑이 승리함을 보여주는 오페라 (탄호이저)
- 사랑이란 항상 정의의 편에 서 있는 것임을 강조한 오페라 (로엔그린)
- 강력한 사랑을 위해선 무엇이든지 불살라 버릴 수 있는 힘을 가지고 생명도 바칠 수 있음을 말하는 악극 (트리스탄과 이졸데)
- 진정한 사랑이야말로 인류의 평화를 가져올 수 있음을 보여주는 악극 (벨룽겐의 반지)

벨룽겐의 반지 오페라 세트 디자인(1번) (출처:wikipedia)

도덕적 평가로는 큰 아쉬움을 준 인물이 바그너이지만 음악적으로는 높은 평가를 할 수밖에 없는 바그너. 그가 '여행과 변화를 사랑하는 사람이 생명이 있는 사람이다.'라고 한 말을 이해할 것 같다.

바그너는 말년에 그의 애호가인 바이에른 국왕 루트비히 2세의 후원으로 평소 꿈꾸던 극장을 건립하게 되는 행운을 얻게 된다. 1875년 독일 남부 바이에른주 아담한 도시인 바이로이트에 원형 극장이 들어서고 1876년 8월 13일 자신의 63세 생일에 '니벨룽의 반지' 전곡을 초연하게 된다. 그 이후 바이로이트에서는 매년 7~8월에 바그너를 기리는 '바이로이트 음악제'가 열리고 있다.

바이로이트 원형극장(1900년경) (출처: wikipedia)

바그너는 1883년 2월 13일 베네치아에서 휴양 중에 70세를 일기로 세상을 떠난다. 두 번째 아내 코지마가 그보다 47년을 더 살면서 바이로이트 극장의 여주인으로 남편의 작품을 길이 남기게 하는 공헌을 하게 된다. 사랑과 평화, 그것은 바그너의 사상이고 음악의 이상이었다.

독일 본Bonn 여행 중에는 브람스의 스승이었던 슈만과 그의 아내 클라라의 묘지에 가보았다. 바그너에 대비하여 과거에 충실했던 신고전주의 음악가 브람스의 플라토닉한 사랑 이야기는 애틋함을 느끼게 한다.

요하네스 브람스 (출처: wikipedia)

브람스Johannes Brahms(1833~1897, 독일)는 함브루크에서 아마추어 콘트라베이스 연주자였던 아버지에게서 배운 피아노 연주 솜씨로 14세 어린 나이로 피아노를 연주하여 가족의 생계를 꾸려나갔다.

20세의 브람스는 헝가리의 바이올리니스트 레메니의 반주자로 헝가리로 함께 연주 여행을 하는 중에 요아힘이라는 유명한 바이올리니스트를 만나게 된다. 그는 브람스가 피아노보다 작곡에 더 재능이 있다는 걸 발견하고 대작곡가 슈만과 피아니스트인 슈만의 부인 클라라를 소개하여 준다. 이로 인하여 만나게 된 클라라와의 인연은 그의 남은 일생을 좌우하게 된다.

당시 슈만은 작곡가이자 음악 잡지를 발행하는 일을 병행하고 있었고 클라라는 피아니스트로 왕성한 활동을 하고 있었다.

1853년 9월 3일 뒤셀도르프의 슈만의 집에서 첫 만남이 이루어졌을 때 브람스가 21세, 클라라가 35세, 슈반이 44세였다.

슈만 부부는 브람스의 피아노 연주와 작곡 작품에 감명을 받았고 그 천재성에 찬사를 아끼지 않았다.

슈만은 《새로운 길》이라는 에세이에서 '시대의 정신에 최고의 표현을 부여한 사람'이라고 그를 격찬하였다. 그 후 브람스는 슈만의 집에 머무는 동안 슈만 부부의 일기에는 브람스의 작품에 관한 찬사가 없는 날이 없었다. 브람스 역시 이들 부부를 깊이 존경하여 더욱 친밀하게 되었다.

브람스가 당시 35세의 피아니스트인 슈만 부인 클라라의 뛰어난 미모와 재능에 매력을 느껴 이끌렸음은 숙명에 가까운 일이었다. 사모하는 마음을 '존경, 경애'라는 말로 바꾸어 '피아노 소나타 작품 Ⅱ'를 클라라 부인에게 헌정도 하였으나 창작에만 그의 온 정열을 쏟으려 하였다. 1853년 슈만이 정신병이 악화하여 라인강에 투신했다는 소식을 들은 브람스는 곧바로 슈만 부부에게로 달려갔다. 그 후 1854년 3월 4일 슈만은 요양원으로 옮겨졌다.

슈만과 클라라 (출처:wikipedia)

브람스는 깊은 상처를 받은 클라라를 도와 절망에서 그녀를 구하는 일에 헌신적으로 힘을 다하였다. 그녀의 슬픔을 달래고 공감을 나누는 동안 우정과 존경은 사랑의 감정으로 변해 그녀를 떠나서는 살

수 없는 지경에 이르렀다. 그는 종종 편지로 그의 끓어오르는 사랑의 감정을 고백하였으나 클라라는 자신은 슈만의 아내라는 사실만을 상기시켰다.

1856년 7월, 슈만이 사망한 후 클라라는 남겨진 아이들 7명의 양육과 남편인 슈만의 작품을 세상에 알리는 일을 삶의 의미와 사명으로 사는 미망인 클라라 슈만으로 변모해 갔다.

브람스도 예술가로서의 자신의 사명에 대한 인식이 커갔다. 21세부터 64세로 타계하기까지 브람스의 마음에는 클라라만 존재하고 있었다. 거기에서 생겨나는 모든 힘과 모든 열정을 창작에 쏟았다.

클라라가 1891년 프랑크푸르트에서 뇌졸중으로 쓰러졌다는 소식을 접했을 때 브람스는 피할 수 없는 '죽음'의 예감이 들어 죽음에 앞서 성경 말씀에 의한 '네 개의 엄숙한 노래'을 쓰기 시작하여 그의 생일인 5월 7일 완성하였다. 이 네 곡에 클라라에 대한 사랑과 자신의 마지막 생애에 대한 예측을 인생의 무상함과 사랑의 위대함으로 함께 실었다.

이 곡들은 클라라에게, 자신에게, 그리고 이 땅의 사람 모두에게 보낸 엄숙한 사랑의 찬가이자 자기 인생의 고백인 셈이다. 거기에는 순수하게 살았던 인간의 가장 자연스러운 심상이 일관되게 흐르고 있다.

브람스에 대한 클라라의 마음은 자식들에게 남기는 유서 형식으로 쓴 일기 속에 담겨있다.

"얘들아 내가 사랑한 것은 그의 젊음이 아니었다. 내 애정에는 허영도 아부도 없어. 그의 맑은 정신, 놀라운 재주, 고귀한 영혼을 사랑했지. 나는 그의 자질을 오랜 세월을 두고 아꼈다. 얘들아 내가 죽더라도 그의 우정에 감사하는 마음으로 늘 소중히 여겨라."

40여 년 충실한 벗이고 여인이고 범접할 수 없는 사모님이었던 클라라의 죽음을 안 것은 그날부터 13일 후의 일이었다.

1896년 5월 20일, 클라라가 77세의 나이로 타계했을 때 브람스는 "나의 삶의 가장 아름다운 체험이요, 가장 위대한 자산이며 가장 고귀한 의미를 상실했다."고 그녀의 죽음을 요약했다.

이듬해 4월 3일 작곡가 브람스는 64세를 일기로 클라라의 뒤를 따라갔다. 브람스에게도 가깝게 지냈거나 약혼을 했던 여성이 있었지만 결국 그는 누구와도 결혼하지 않은 채 클라라만 가슴에 품고 순애보적 생을 마쳤다.

플라토닉 사랑, 이룰 수 없었던 아름다운 사랑을 열정적으로 창작에 쏟아 승화시켜나간 아름다운 로맨스를 알게 되니 예술가들의 사랑 이야기가 이해도 되지만 애틋함이 가슴에 젖어든다.

여행은 자연과 역사와 예술과의 만남이며 역사 속 예술가와의 만남이기도 하다. 이 만남의 이야기들이 예술에 대한 호기심을 갖게 하고 배워 깨닫게 하는 길로 안내해주었다.

예술가들의 창작에는 인간 내면에서 샘솟듯이 끊임없이 솟아나는 작품 소재가 있어야 한다.

사랑과 실연은 창작 소재의 샘물이 되고 있었다. 사랑은 아름다운 예술의 샘이고 열정적인 창작 활동의 원천이 되고 있었다는 것을 예술가들의 삶 속에서 찾을 수 있었다. 보통 사람들도 여행하면 알게 되고 느껴지는 예술가들의 숱한 사랑 이야기를 이해할 수 있을 것 같다.

창작은 신이 인간에게 내려주는 영감이고 사랑의 선물이다.

알프스 산행길에서 행복을 찾다

지금 나는 알프스 정상이 눈앞에 보이는 융프라후요흐에 서 있다. 파노라마같이 펼쳐지고 있는 맑게 갠 하늘 아래 넓은 빙하와 산맥으로 이어진 산들의 장엄한 풍경이 하얀 모습으로 한눈에 들어왔다. 구름이 항공기 형태를 그리며 지나가고 있었다.

융파라후요흐에서 바라본 알레취글레쳐(22㎞)와 구름

산 아래에서 바라본 산들이 완연히 다른 모습으로 클로즈업되어 다가왔다.

사람들은 산 정상에 오르면 산을 정복했다고 한다. 산이 잠시 허용한 장소와 시간을 인간이 자만하여 자의적으로 인식하고 있다. 높고 험한 산일수록 그 자리에 서 있게 한 산의 포용에 감사하며 펼쳐지는 경관을 경외의 마음으로 눈과 가슴에 담으면 된다.

명산일수록 카멜레온같이 변화무쌍하여 언제 어떻게 변할지 모른다. 그 모습을 드러내어 보여줄 때 행운으로 여기고 겸허한 마음으로 보고 즐기면 되는 것이다.

나는 이곳에 두 번째 올라왔다. 10여 년 전 4월에 왔을 때는 눈이 많이 내렸다. 산악 열차로 정상에 올라왔으나 앞에 보이는 것은 눈뿐

융프라후요흐에 서서

스위스 마을

멀리 절벽위 마을 뮈렌

이었다. 산 아래 펼쳐지는 푸른 초원, 마을, 산들은 구름과 눈 속에 갇혀 그 모습을 전혀 볼 수 없었다. 당시에는 패키지여행이었기 때문에 아무것도 보지 못하고 계획된 시간에 따라 아쉬운 마음을 품고 내려가야만 하였다.

이번 여정은 렌터카를 이용한 자유 여행으로 3일 동안 인터라켄과 주변 마을에 머물며 날씨가 쾌청한 날 올라왔다. 맑게 갠 날 올라와 눈앞에 펼쳐진 알프스의 산 정상들과 빙하, 산 밑 푸른 초원, 저 멀리 호수와 아름다운 마을들을 내려다보니 감탄사가 저절로 나왔다.

구름에 가려진 산과 맑게 갠 산의 모습을 보며 느껴지는 것은 우리의 인생사와 같다는 생각이다. 우리의 인생 여정도 돌아보면 앞이 보

융프라우와 묀히

이지 않고 불안하며 절망적인 날이 있었는가 하면 기쁘고 즐거우며 환희에 찬 날도 있었다. 삶이란 시련이 와도 불안해하고 절망할 일만은 아니다. 노력하고 기다리다 보면 밝은 날이 오기도 한다.

맑게 갠 날의 산행이다 보니 알프스산맥 모습들을 조금이라도 더 오래 온몸으로 간직하고 싶어 2시간 가까이 하이킹을 하였다. 산길을 따라 걸으며 바라본 7월의 알프스산맥의 정상인 아이거 Eiger(3970m), 묀히 Munch(4107m), 융프라우 Jungfrau(4,158m)의 4,000m 산들에는 구름이 산 정상을 스쳐 지나가고 있었고 산맥을 이루어 이어지는 산들이지만 서로 다른 모습으로 그 위용을 과시하고 있었다.

걸어내려오면서 바라본 융프라우, 묀히

오랜 기간 여행을 하여도 산행하는 시간을 가지기는 쉽지 않다. 여유로운 여행 계획을 세우고 날씨가 도와주지 않으면 불가능한 일이다. 위압적이면서도 아름다운 알프스의 모습을 정상 가까이에서 시야에 담으며 걸어 내려오니 기쁨으로 흥분되어 마음은 들떠 있었다.

여러 형태로 보여주는 눈 덮인 바위산들은 걷는 동안 내내 시야를 벗어나지 않고 있었다.

알프스의 아름다운 경관을 한동안 바라보니 눈보다 마음이 먼저 느끼고 감탄하는 것 같다. 보는 것과 느끼는 것이 동시인지 어느 것이 먼저인지 판별이 안 된다. 감탄할 따름이다.

우리 뒤로 일본 여행자 20여 명이 가이드의 설명을 들으며 조용히 따라오고 있었다. 여행하다 보면 어떤 나라 사람들은 주위를 의식하지 않고 시끌벅적하게 떠들며 다닌다.

일본 관광객들이 가이드 설명을 들으며 따라오고 있다.

여행 중 만나는 여행자들의 행동을 보면 그 나라의 의식 수준을 알 것 같기도 하다. 우리는 완만하게 산허리로 난 길을 따라 내려오면서 산을 바라보고 푸른 초원의 들판을 보면서 여유롭게 걸었다.

어느 시인이 쓴 시가 생각났다.

"내려올 때 보았네 올라갈 때 보지 못한 그 꽃"
(고은, '그 꽃' 중에서)

여유롭게 관심을 가지고 걷는 길에서는 모든 것이 눈에 들어오고 예사롭지 않게 보였다. 앞만 바라보고 달려왔던 인생길에서는 보이

알프스 야생화

지 않았으나 여유를 갖게 되니 야생화가 보이고 나비가 보이고 새들의 노랫소리가 들리고 저 멀리 큰 바위 얼굴들이 보였다.

바쁘게 살아오면서 보고 느끼지 못했던 삶의 진선미가 보이고 들리다 보니 만감이 새롭게 가슴에 닿아 벅찬 희열이 온몸에 퍼진다. 산은 나의 삶에 아름다움과 즐거움과 깨우침을 주고 있었다.

여행 중 여유로운 산행은 삶의 의미를 다시 일깨워 준다. 평지에서는 전혀 못 느껴지나 산에 오르면 느껴지는 산의 정기가 있다. 인생길도 편한 가운데서는 보이지 않고 느껴지지 않으나 고난을 겪을 때는 보이고 느껴지는 것이 있다.

무엇이, 어떤 것이 참삶인지를 자신에게 물으며 스스로 깨달아간다. 배움과 깨달음의 반복이 인생길이라는 것을 산행길에서 터득하게 된다.

새 모양의 야생화

산길 안 숲속을 들여다보면 나무들이 위로 자라기보다는 옆으로 나지막하게 넓게 퍼져 자라고 있었다. 세찬 비바람을 견디며 생존하기 위한 몸 낮춤으로 뿌리는 옆으로 울퉁불퉁 단단하게 뻗어있었다.

존속하려는 의지력에서 우리의 삶을 회상케 한다. 긴 세월 동안 거친 세파를 견디고 극복하며 살아온 삶이 얼마나 의미와 가치가 있고 숭고한지를 생각하면 가슴 저리다. 삶은 생명을 이어가는 의지의 과정이며 결과인 것을 고산 지대의 낮은 나무들이 보여주고 있었다.

산길을 따라 내려오면서 새 모양의 야생화가 있어 걸음을 잠시 멈추고 바라보았다. 높은 산 속에 피어있는 이름 모르는 꽃들의 아름다운 자태가 우리를 유혹하고 있었다.

눈 덮인 만년설의 바위산, 푸른 초원, 야생화, 호수, 그 아래에 펼쳐진 마을들의 풍경은 스위스가 품고 있는 아름다운 경관이다. 이 조화로운 경관을 즐기며 걸었던 산행길, 우리 인생행로도 여유 있는 여건이 주어질 때 감사하며 기쁜 마음을 품고 받아들이면서 즐기면 더 행복하고 보람된 행로가 되지 않을까 하는 생각이 든다.

쓸모없던 것이 쓸모 있다 (無用之用)

스위스 여행 중 레만 호숫가에 자리 잡은 아름다운 호반의 도시, 로잔Laussane에서 2박 3일 동안 머물렀다. 인근의 라보Lavaux 포도밭과 시온성이 있는 몽트뢰Montreux를 돌아보고 야간에는 젊은이들이 많이 모이는 클럽이 있는 플롱 지구Flon Ville에 가보기도 했다.

레만 호수

몽트리 시온성

국제올림픽 위원회IOC가 있는 로잔은 '올림픽의 수도'라는 애칭이 있다. 스위스에서는 유일하게 지하철이 다니는 모던한 도시이다. 레만호가 바라보이는 언덕 위에 자리 잡고 있어 주위의 전망이 아름답고 구시가지는 아담하고 한적하여 인기 있는 관광지 중 하나이다. 특히 레만호반의 우시Ouchy 지구의 산책로는 자연을 담고 있어 아름답다.

여행 중 도시마다 옛 모습을 간직하고 있는 구시가지와 그 도시만의 특징 있는 곳을 찾아 들어가 본다. 로잔의 옛 공장 지대에 지어진

리노베이션된 플롱 건물

플롱 건물

플롱Flon지구에도 이런 호기심 때문에 찾아갔다.

플롱은 강을 따라 발전한 로잔의 공업 지구였다. 레만 호수를 통해 우시 지구에서 들어온 화물들을 스위스에 처음 생긴 푸니쿨라(1877년)로 운반하여 쌓아두는 선적 시설과 창고가 있던 할렘 지역으로 그동안 사람들이 거의 찾지 않던 곳이었다. 2008년 리노베이션을 마친 후 새로운 건물들이 들어서기 시작하여 이제는 모던한 문화와 예술의 중심지로 각광을 받고 있다.

핫Hot한 클럽과 영화관, 브랜드 숍, 아이디어 넘치는 거리에서 젊음을 마음껏 발산하는 곳으로 변모한 현대적 문화 공간으로 자리매김한 보물 같은 나이트라이프 지역이 되었다.

쓸모없는 폐허같이 버려졌던 건물들을 그 원래 모양은 그대로 두고 현대식 건축 양식으로 재단장하면서 문화의 거리로 변모한 것이

플롱 거리입구 철로다리 밑 카페

다. 지금은 밤만 되면 젊은이들이 몰려들어 에너지를 발산한다.

플롱 거리 입구의 철로 다리 밑에는 여러 모습의 특색 있는 카페들이 자리 잡고 있어 젊은이들이 낮부터 북적이고 있었다.

세계 여행을 하다 보면 시대 발전에 따라 쓸모없이 버려져 있던 지역이 혁신적인 아이디어로 새롭게 변모되어 사람들에게 호평을 받으면서 발전해 가는 지역을 만나게 된다.

캐나다 동부 지역을 여행하던 중 토론토의 증류소 역사 지구인 The Distillery Historic District에 갔었다. 이곳은 1932년 건축한 위스키 증류소 단지였다. 1970년대 공장이 쇠락한 이후 2000년대까지 쓸모없이 버려졌던 지역이다. 이 지역을 재개발의 아이디어를 가

캐나다 토론토의 재개발된 옛 증류소 지역

진 6명의 사업가가 의기투합하여 갤러리, 카페, 레스토랑, 디자인 숍, 공예품, 극장들이 들어선 문화 복합 단지로 재단장하였다. 이제는 관광객들이 많이 찾아오고 토론토를 비롯한 캐나다인들의 발길이 줄을 잇는 문화 지역으로 변모되었다. 쓸모없던 지역이 변하여 문화 관광 단지가 된 것이다.

우리는 한나절 동안 이 지역을 돌아다니며 쇼핑하고 레스토랑에서 식사한 후 카페에서 커피를 마시면서 세계 각국에서 온 여행자들을 바라보며 여행 중 여유로운 시간을 보냈다.

아름다운 꽃이 만발하여 관광객들이 많이 몰려드는 벤쿠버섬, 빅토리아에 있는 부차드 가든Butchart Garden도 1900년대 초 시멘트 공장

캐나다 빅토리아의 부차드 가든

의 석회암 채석장이던 버려진 곳이었다. 이곳을 부차드 부부가 전 세계의 꽃과 나무를 모아서 지형을 그대로 살리면서 테마별 공원으로 탈바꿈시켜 지금은 세계 여러 나라의 관광객들이 몰려들고 있다.

우리가 여행하였던 시기가 꽃이 활짝 핀 6월이어서 세계 각국에서 온 여행자들이 웃음꽃을 피우며 밝고 행복한 모습으로 꽃밭을 누비며 다니고 있는 모습을 보았다. 쓸모없던 지역이 환골탈태하여 여행자들에게 아름다움을 제공해주고 있었다.

세계 각국의, 이 같은 혁신적인 아이디어로 변모된 지역을 보면서 사고思考의 전환이 얼마나 중요하고 값진가를 깨닫게 된다.

참치

지금은 고급 생선회인 참치도 전에는 천대받던 생선에 지나지 않았다. 일본 사람들도 예전에는 참치를 먹지 않았고 심지어 고양이조차도 참치를 거들떠보지 않았다고 한다. 미국에서도 참치는 먹지 못하는 생선이었고 썩혀서 퇴비로 만들어 사용하다가 제1차 세계대전 시 참치 통조림이 만들어지면서 먹기 시작하였다.

100년 전 사람들이 참치를 거들떠보지도 않았던 것은 참치 살에 혈액이 많아 쉽게 부패하여 운송과 보관하는 중에 부패되는 난제를 해결할 수가 없어 참치를 잡아 항구로 가져와도 먹기 힘들 정도로 상했기 때문이다.

미군들은 주로 정어리 통조림을 만들어 먹었으나 정어리 어획량이 급감하면서 대신 참치 통조림을 만들기 시작하였다. 1914년 제1차 세계대전이 일어나자 유럽 각국이 앞다투어 미국에서 참치 통조림을 수입해 갔다. 제2차 세계대전 때도 참치는 소고기나 닭고기 못지않게 단백질이 풍부하여 전시 식량 대체품으로도 한몫하였다.

제2차 세계대전 때 개발된 급속 냉동 동결 기술로 생선을 영하 60도까지 급속으로 냉동시킬 수 있게 되어 신선도가 유지된 참치를 먹을 수 있게 되었다. 참치가 싸구려 생선에서 고급 생선이 된 것이다. 고양이도 외면했던 참치가 세계적으로 인기 있는 생선으로 바뀐 것이다. 쓸모없던 생선이 최고급 먹거리 생선이 되었다.

아귀

생선 아귀, 일명 아구는 몸 전체의 2/3가 머리 부분이며 입이 매우 커서 조기, 병어, 도미, 오징어, 새우 등을 통째로 삼켜서 완전 용해하여 소화 시킨다. 못생긴 외모 때문에 어부들이 불길하게 여겨 그물에 잡히면 그대로 버리던 홀대받는 생선이었다.

잡힌 아귀를 바닷물에 버릴 때 '덤벙' 하는 소리가 난다고 해서 '물덤벙'이라고 불리기도 하던 설움 받던 생선이었다.

아귀를 먹게 된 것은 먹을 것이 귀했던 1960년대 부둣가 노동자들이 술안주용 탕에 아귀를 넣어 먹은 것부터 시작되었다. 이후로 아귀는 찜, 해물탕 등의 재료로 사용되며 육질이 촘촘하고 식감이 부드럽고 영양 성분이 풍부한 고단백, 저지방 생선으로 선호하게 되었다. 더욱이 성인병 예방에 좋고 껍질에 있는 콜라겐 성분이 피부 건강에 좋다고 하여 고급 요리에도 많이 쓰인다.

한때는 마산 오동도 거리에 아귀찜 식당들이 즐비하여 진해에서 근무할 당시 입맛이 없을 때 마산 아귀찜 식당 골목길을 찾아가서 밥맛을 돋우던 추억이 있다. 지금은 전국 어디에서나 쉽게 먹을 수 있는 아귀찜 요리가 되었다.

사람들로부터 외면받던 생선이 이제는 사람들로부터 사랑받게 된 것이다. 요리사의 조리 기술과 매칭이 잘되는 각종 재료로 도외시되었던 생선을 입맛을 돋게 하는 생선으로 탈바꿈시킨 것이다.

부산은 한국 전쟁 시 피난민들로 넘쳐나는 우리나라 최후 주거 지역이었다. 피난민들은 초량 지역 산언덕에 판자로 집을 짓고 부두 노동을 하며 살았다. 낙후되어 볼품없는 재개발 지역을 이바구 언덕길 중심으로 외형은 그대로 살리면서 현대 감각에 맞게 개량 개조하여 역사 문화 거리를 만들었다. 역사의 뒤안길로 사라질 뻔한 부산의 크고 작은 사건에

이바구 언덕길 모노레일 (출처:2bagu.co.kr)

얽힌 서민의 보금자리가 사실적이고 살아 숨 쉬는 애환의 이야기 길로 탈바꿈된 것이다.

지금 이곳은 부산에 오는 관광객, 여행자들이 과거를 회상하며 가파른 언덕길을 걷는 필수 관광 코스가 되고 있다.

언덕길에는 모노레일이 설치되어 있으나 우리 가족 3명(아내, 둘째딸, 나)은 비탈길을 따라 걸으며 특징 있게 단장된 집들을 돌아보면서 올라갔다.

쓸모없고 관심 없던 곳이 부산의 역사와 문화를 담은 길이 되었다. 사고의 전환, 창의적인 아이디어가 사람들이 사랑하는 지역으로 만든 것이다.

사람들도 어떤 계기가 되어 옛사람 모습을 버리고 새사람이 된 경우를 만나게 된다. 쓸모없는 것과 쓸모 있는 것은 영원한 것이 아니다. 바뀌고 탈바꿈하면서 인간도 발전하고 역사도 변화되어 발전해 간다. 살아가며 자기 내면을 들여다보고 버릴 것과 새로이 받아들일 것이 무엇인지를 생각하여 보는 것도 가치 있고 의미 있는 삶의 태도이다.

새로운 세포가 생겨나듯 나이 들어도 새로워지고 활기차게 의욕적으로 사는 것이 보람 있는 삶의 자세가 아니겠는가?

클래식 음악 제목

음치인 나는 음악에 관심이 별로 없었다. 고등학생 시절까지는 클래식 음악Classic Music은 감상하는 자체가 지루하였고 제목도 이해가 되지 않았다. 청년 시절에는 다방이나 음악 감상실에서 디제이DJ의 음악 해설을 들으며 팝POP을 주로 들었다. 클래식 음악은 어렵고 지루한 느낌마저 들어 깊이 알려고도 하지 않았다.

간혹 예술의 전당에서 연주회에 참석하기도 하지만 연주곡에 대하여 사전에 이해하지도 않고 참석하니 박수를 건성으로 치곤 하였다.

예술의 전당 (출처:unsplash)

그러나 클래식 음악을 들으면 감정이 따뜻해지는 말로 표현하기 힘든 느낌이 들기도 하여 전축도 사고 LP나 CD를 사서 모차르트, 베토벤의 교향곡을 들어보곤 하였다.

그동안 클래식 음악은 내 마음에 머물지 못하였으나 손녀들 3명이 예술 중고등학교를 다니며 악기를 연주하고 대학에서 음악을 전공하게 되면서 간혹 손녀들의 연주회에 참석하였다. 이로 인해 클래식 음악에 대하여 좀 더 관심을 두게 되었다. 해외여행을 하면서도 음악 연주회에 참석하여 연주는 하지 못하나 감상법은 알아야겠다는 생각이 들어 관련 책을 사서 읽어 보기도 하였다. 인생 후반기에 예술 분야에 관심을 좀 더 갖게 된 셈이다.

스위스 루체른 호수

현업에서 활동하던 바쁜 시기에는 그 분야에 재능도 없고 관심을 두지 않았지만 여유로운 시간에 해외여행을 하고 손녀들 때문에 이 분야에 눈을 돌리니 삶이 부드러워지는 느낌이다.

이번 여행길에 루체른 호수에서 알게 된 베토벤의 월광 소나타 이야기는 클래식 음악 제목에 대한 이해와 클래식 음악 전반에 대한 나의 지식을 되짚어보게 하였다.

음악은 인류의 시작부터 있었고 인류가 존재하는 한 지속할 것이다. 중세에 음악의 중심은 교회와 수도원으로 음악 활동은 수도사의 몫이자 특전이었다. 클래식 음악의 본격적인 역사는 바로크 시대에서 시작되었다고 한다. 악기와 악보, 연주자와 연주장 등 음악의 활동 기반이 마련된 시기가 바로크 시대이기 때문이다.

우리가 자주 듣는 클래식 음악은 대부분 1600년 이후에 만들어졌다. 이 시기는 유럽의 역사에서 '바로크 시대'라고 불린다. 장중한 건물, 화려한 옷과 치장 등 과장된 문화가 특징이다.

바로크 시대 음악 (출처:wikipedia_얀 미 엔스 몰 레나 作)

바로크 시대의 사회 구조는 절대적인 권력을 가지고 지배하는 왕을 비롯한 귀족층과 그들을 섬기는 평민들로 구성되어 있었다. 이 시대는 무엇이든 크고 화려하고 최고가 되어야 했다.

바로크 시대의 음악은 노래(성악), 바이올린, 오르간 이 세 가지로 압축될 수 있는데 음악은 꾸밈이 많으나 역동적인 느낌을 주는 것이 특징이다.

바로크 시대 음악의 주역으로 꼽히는 비발디(1678~1741)는 이탈리아에서, 바흐(1685~1750)는 독일에서, 헨델(1685~1759)은 독일 태생이지만 영국에서 최신 음악을 만들고 연주하였다.

안토니오 비발디&게오르크 프리드리히 헨델 (출처:wikimedia)

비발디는 바이올린 연주자 겸 작곡가로 근대 바이올린 협주곡의 기초를 닦아 놓았고, 바흐는 궁정 음악가로 실내악, 교회 음악의 대표 장르인 수많은 칸타타를 작곡한 클래식 음악의 선구자였다.

헨델은 오페라와 오라토리오(메시아)로 음악의 새바람을 일으켰다.

18세기 파리 시민 혁명(1789)으로 시민 사회가 만들어지는 고전 시대에서는 하이든과 모차르트, 베토벤의 활약이 두드러지고 '소나타와 교향곡의 전성기'로 꽃피우게 된다.

하이든과 모차르트, 베토벤은 사제 관계이면서 동료 작곡가였다. 모차르트와 베토벤은 하이든이 길러낸 100여 명의 제자 중 하나였다. 이들의 노력으로 클래식 음악은 일정한 규격을 갖추었고 춤이나 노래의 반주가 아닌 음악 자체의 아름다움을 발하기 시작했다.

하이든(1732~1809, 오스트리아)의 작품 번호 제1번은 소나타 형식을 근간으로 한 '현악 4중주곡'이다. 그는 현악 4중주와 교향곡의 역사를 시작한 아버지라 불린다.

고전 음악의 천재 모차르트(1756~1791, 오스트리아)는 오페라에서는 하이든을 능가하였고, 악성樂聖이라 불리는 베토벤(1770~1827, 독일)은 교향곡 3번 이후 완전한 '베토벤 스타일 교향곡'을 굳혔다. 소나타와 함께 고전 시대의 주류가 된 것은 교향곡이다.

프란츠 요제프 하이든&볼프강 아마데우스 모차르트&루트비히 판 베토벤 (출처:wikimedia)

하이든에 의해서 완결된 소나타와 교향곡은 모차르트를 거쳐 베토벤에게 전수된다. 하이든은 뿌리를 내렸고 모차르트가 꽃을 피웠으며 베토벤이 열매를 맺게 했다는 것과 비유한다.

일정한 형식과 규격에 맞춰 만드는 소나타 형식과 교향곡은 고전

시대의 이상과 잘 부합하는 음악이었다. 이후 클래식 음악의 전반을 아우르는 전형으로 자리 잡게 된다.

19세기 낭만 시대 예술 장르의 특징은 결합과 조화를 통해 새로운 아름다움을 만든다는 점이다. 음악에 문학, 무용, 회화, 연극 등의 요소를 가미한 새로운 장르 개발은 가곡, 교향시, 발레 음악, 음악극 등 다양한 양식을 탄생시켰다. 슈베르트, 멘델스존, 슈만으로.

프란츠 슈베르트 (출처: wikimedia)

슈베르트(1797~1828, 오스트리아)는 시의 운율과 상상력을 선율로 옮겨놓은 낭만 시대 음악의 선구자다.

그의 작품은 대부분 가곡이었다.

멘델스존(1809~1847, 독일)은 괴테와 친근하게 지내면서 음악에 문학의 서정을 담은 교향곡을 많이 남겼다. 슈만(1810~1856, 독일)은 피아노 소품이나 가곡 등에서 타고난 천재성과 낭만성을 발휘하였다.

20세기의 신고전주의 음악에서는 브람스(1833~1897, 독일)의 교향곡에서 베토벤의 고전주의 부활을 엿볼 수 있으며 바그너(1813~1883, 독일)는 시와 음악과 연극의 총체인 음악극을 창조하였다. 19세기 이후 각국에서 음악가들이 많이 배출되고 현대 음악으로 이어진다. 스위스를 여행하면서 독일과 국경을 접하고 있어서인지 베토벤, 바그너 등의 당대 최고의 작곡가들 흔적을 여러 곳에서 느낄 수 있었다.

밤에 루체른 호수에 비친 달을 연상하여 베토벤이 그의 교향곡 제목을 월광이라고 한 것을 생각하면서 클래식 음악 제목이 난해하고 혼란스러웠던 기억이 되살아났다. 클래식 음악 제목은 암호 같은 느낌이 들었기 때문이다. 클래식 음악의 제목을 볼 때마다 제목에 들어간 숫자와 약자들은 도대체 뭘 의미하는지 궁금하였다. 실제로 이런 복잡한 구조의 제목들이 클래식 음악과 거리를 갖게 하는 이유가 되기도 하였다.

클래식 음악에서 작곡가들이 제목에 별로 신경을 쓰지 않았던 것은 당시 상황과도 관련이 있었다. 바로크 시대와 고전 시대 초기까지 음악가들은 대부분 교회와 궁정, 개인의 저택에서 음악 활동을 하였다. 작곡가가 새로운 곡을 작곡해도 그것은 본인의 것이 아니었다. 아무리 훌륭한 작품이라도 주인의 마음에 들지 않으면 그 작품은 사장되기 일쑤였다. 다만 작품을 구분해서 기억하기 쉽게 일종의 일련번호를 붙여 보관한 것이 오늘날에 제목으로 사용하고 있는 것이다.

그러나 제목을 만드는 규칙을 알게 되니 이해하는 데 쉬웠다. 일단 제목의 맨 앞에는 그 곡을 연주한 성격과 종류가 온다. W.A. Mozart－Flute Concerto No.1 Kv. 313는 모차르트가 작곡한 플루트 협주곡의 제목인데 제목의 맨 앞에 'Flute Concerto(협주곡)'라는 종류가 나온다. 곡의 성격이 나온 뒤에는 조성이 붙기도 한다.

'Flute Concerto in G Major'라고 쓰여 있으면 사장조의 플루트 협주곡을 말한다. 참고로 Major는 장조이고 Minor는 단조이다.

그다음에 붙는 기호는 'No'와 'Op'가 있다. 곡의 제목이 Flute

Sonta No.3 Op.63이라 되어 있으면 이 작곡가가 자신의 작곡 생애에 63번째로 작곡한 작품이라는 뜻이다. 그리고 63번째로 작곡할 당시 플루트 소나타를 한 곡 외에 여러 곡을 작곡했다면 'No'을 사용해서 'No. 1', 'No. 2'로 구분하는 개념이다. 'Op'는 'Opus Number'의 약자이고 '오퍼스 넘버'라고 읽으며 라틴어인데 '작품'이라는 뜻이다. 이 번호는 작곡가 생애 중에 매겨지는 것이 대부분이기 때문에 시기별 작곡 순서라고 보면 된다.

그다음에 붙는 암호가 좀 혼잡스럽다. 작곡가별로 다른 이름의 작품 번호가 있는데 이는 작곡가가 사망한 이후 제자들이나 음악학자들에 의해 그 작곡가의 전체 작품을 정리하여 보통 시대순으로 다시 번호를 매겨 놓은 것이다.

정리를 한 사람이 다 달라서 그들의 이름을 인용했다든가 하는 이유로 작품 번호 이름이 다르다.

예를 들면 모차르트의 작품 번호는 K(또는 Kv)이고 쾨헬이라고 읽는다. 슈베르트는 'D'이고 도이치 번호라고 읽으며 바흐는 'BNV'이고 바흐 작품 번호라 읽는다.

모차르트의 플루트 협주곡

- Flute Concerto No 1. K313은 플루트 협주곡 1번 쾨헬 313이라고 읽는다.
- J. S. Bach – Violin Concerto No. 1 BNV1041이라 되어 있으면 '요한 세바스잔 바흐'의 바이올린 협주곡 1번 바흐 작품 번호 1041번이라 읽는다.

베토벤의 '월광' 소나타의 제목을 보면 Piano Sonata No. 14 Op. 27 'Moonlight'라는 제목이 붙어있다. 이처럼 'Moonlight(월광)'라는 음악에 제목을 달기 시작한 것은 음악이 상품이라는 인식이 생겨나기 시작하면서부터이다.

베토벤의 '피아노 소나타 14번'에 붙인 '월광'이라는 제목은 문인 렐슈트프의 감상평에서 생겨났다고 전해진다. 그는 소나타 1악장의 감상을 루체른 호수의 달빛이 물결에 흔들리는 조각배와 같다고 했는데 이로부터 '월광'이라는 제목이 생겨났다고 한다.

베토벤 자신이 그저 '환상곡풍 소나타'라고 부르던 것에 비하면 매력적인 제목이다. 베토벤 이후부터 이러한 제목 이름이 점차 빈번하게 사용되었고 작곡가 본인에 의해 제목이 작명되는 경우가 많아졌다. 19세기의 작곡가들에게 주어진 자유와 사회적으로 예술가에 대한 예우가 좋아진 것과 맥을 같이한다.

클래식 음악 제목은 이렇게 작곡가 자신의 작품에 주체적으로 권리를 행사할 수 있는 것으로 자기감정을 마음껏 표현할 수 있음을 의미한다. 상품으로서 가치를 높이기 위해서 제목 자체가 한때는 경쟁력이기도 했다. 교향곡에도 부제를 명기하는 경우가 많아졌다.

루체른 호수를 거닐면서 베토벤의 소나타 월광을 생각하니 클래식 음악과 더 가까이하고 싶은 마음이 생겼다. 여행 중 만나는 클래식 음악의 관심이 작곡가와 고전 음악을 이해하는 자극제가 되었다.

사람을 위해 헌신한 구조견

개와 사람과의 관계는 예부터 아름답게 이어져 오는 이야기가 많이 있다. 여행 중에도 종종 그와 관련된 미담을 만나게 된다.

알프스의 최고봉 몽블랑Monblanc(4,807m)산을 오르기 위하여 프랑스 샤모니Chamonix에서 2박 3일간 지냈다. 그 후 샤모니에서 마테호른

샤모니에서 알프스 산맥을 넘다.

Matterhorn(4,478m)산이 있는 스위스의 체르마트Zarmatt로 이동하던 중에 험준한 알프스산맥을 넘어 알프스 산자락에 위치해 있는 마을인 마티니Martigny에 잠시 머물렀다.

이곳에는 옛 로마의 흔적들이 마을 곳곳에 남아 있다.

마티니는 프랑스 샤모니로 향하는 몽블랑 특급과 세인트 버나드 고개를 지나는 세인트 버나드 특급 열차의 출발 지점이다.

옛 군수 창고였던 세인트 버나드 박물관Musee et chiens du St. Bernard에는 세인트 버나드견에 대한 모든 이야기를 전하고 있다. 특히 세인트 버나드 고개에서 시작된 이 개의 유래와 구조 활동의 이야기는 흥미로웠고 야외에서 실제로 이 개를 만날 수 있었다.

세인트 버나드 박물관

이 세인트 버나드St. Bernard 품종은 스위스 알프스 산악 지대에서 수많은 사람을 구한 산악 구조견 '베리Barry'라는 개에서 시작되었다. 베리는 세인트 버나드 품종의 기원이자 원조이다. 세인트 버나드란 이름은 베리가 활동했던 스위스 알프스산맥의 생 베르나르 고개San Bernardino Pass에서 유래되었다.

세인트버나드 (출처: pxhere)

이 지역은 로마 시대 때부터 물자 운송을 하기 위해 이용될 정도로 전략상 중요한 지름길이었다. 눈 덮인 산악 지대이지만 이러한 이유에서 이곳을 지나는 사람들이 많았다.

1050년경 성자 버나드가 위험한 알프스 산길을 지나는 여행자들에게 은신처와 피난처를 제공하기 위해 숙박소 역할을 겸하는 세인트 버나드 수도원을 세웠다고 한다. 베리는 1800년에 이 수도원에서 태어나 자랐다. 베리는 그 당시 베른Bern 지역에서 흔히 볼 수 있었던 소몰이 개로 스위스의 잡종 개에 지나지 않았다.

평범한 개에 지나지 않았던 베리는 헌신적인 구조 활동으로 인명 구조견 역사의 장을 열었고 현재의 세인트 버나드 품종의 시조가 된 것이다.

기록을 보면 1700년대부터 수도원의 개들은 평소 가축 몰이를 하거나 산적들로부터 수도원을 지키는 경비견의 역할을 하였다고 한다. 그러다 수도사를 따라 험준한 산길을 안내하는 안내견 역할을 맡기 시작하면서 길을 잃은 여행자나 악천후로 실종된 사람들을 구조하기에 이르렀다. 처음에는 수도사와 동반하여 조난자를 탐색하였으나 점차 개들이 독자적으로 활약하는 놀라운 능력까지 보여주었다.

본격적으로 개들이 길 안내견이나 구조견으로 활동하던 시기에 태어난 베리는 탁월한 후각과 본능적인 감각을 이용해 눈보라 속에서 조난자를 찾아내는 뛰어난 활약을 하였다. 조난자의 얼굴을 핥아서 깨워 정신을 차리게 하여 조난자를 수도원으로 안내하거나 수도사에게 알려 구조하도록 하였다.

베리는 수도원에서 12년을 사는 동안 40여 명의 인명을 구해 낼 정도로 대단한 활약을 하였다. 특별한 훈련 없이도 본능적으로 인명 구조견 역할을 하였다고 한다. 천부적인 탐색 능력과 품성으로 수많은

(출처:wallhere)

스위스 수도 베른시에 있는 베리모형

인명을 구한 베리는 나이가 들자 1812년 수도원장의 요청으로 베른으로 옮겨져 2년 동안의 편안한 여생을 보내다 14년간의 생을 마감하였다.

베리의 시신 외형은 보관되어 지금도 베른 자연사 박물관 현관에 당당하게 서 있다. 마지막 구조 기록인 1897년 눈 더미에 얼어 죽을 위기에 있는 12살 소년을 감지하여 목숨을 구한 것을 비롯하여 세인트 버나드 고개에서 개들은 200여 년 동안 약 2,000명을 구조한 것으로 기록돼 있다.

어느 사진에 베리의 목에 술통이 걸려있고 조난자가 이 술을 마시고 체온을 높였다는 이야기는 근거 없는 것으로 베리를 이용한 브랜디 통을 만들어 팔던 회사 사람들이 지어낸 이야기이다.

스위스 베른의 자연사 박물관에서는 베리 탄생 2백 주년을 기념하여 2000년 6월부터 특별 전시회가 열리기도 하였다.

스위스의 수도인 베른 시내를 여행하면서 우리는 베리의 모형이 여러 가지 색으로 시내 곳곳에 배치되어 있는 것을 보았다. 베리는 베른시 역사의 상징처럼 되어 있었다.

뉴질랜드 여행 중에(2005년) 크라이스트처치에서 남반구의 알프스라고 일컫는 마운트 쿡 Mt.Cook(3,754m)으로 가는 도중 테카포호 Lake Takapo 호숫가에서 잠시 쉰 적이 있다.

이곳에는 착한 양치기의 교회가 있다. 개척 시대 양치기들의 노고를 위로하기 위한 아주 작은 교회로 테카포호가 바라보이는 곳에 지

뉴질랜드 테카포 호수 (출처:pxhere)

착한 양치기의 교회

바운더리 개 동상

어져 있다.

교회 바로 옆에는 스코틀랜드의 유명한 콜리종 양몰이 개의 청동상인 바운더리 개 동상이 있다.

이 개 동상은 맥킨지 컨츄리에 사는 한 농부의 아내가 퇴직 후 런던에서 주문하여 만든 것으로 동상에는 "개가 없었다면 목장을 운영할 수 없었을 것이다. 개의 노고에 진심으로 감사한다."라는 개를 칭송하는 글이 조각되어 있다.

산악 지역인 맥킨지 컨츄리에서 바운더리Boundary 개를 울타리가 없는 목장 외곽의 주요 지점에 개집을 준비해두고 배치하여 무리로부터 멀리 떨어지는 양들을 몰기도 하고 도둑을 지키기도 했다고 한다.

바운더리 개는 종종 주인의 목숨도 구했다는 기록이 있다. 매우 추운 어느 날 밤 울타리가 없는 목장을 순찰하던 중 사고로 다리가 부러진 주인을 개들이 포근하게 감싸주고 먹이도 물어다 준 덕분에 목숨을 구했다는 이야기가 전해 내려오고 있다. 바운더리 개 동상은 이런 헌신적인 활약을 기념하여 세웠다고 한다.

구조견에 대한 미담은 세계 여러 곳에서 전해져 내려오고 있다. 몇 년 전(2016.4.16)에는 에콰도르에서 규모 7.8의 강진이 발생한 후에도 700여 차례 이상 여진이 이어진 속에서 구조견인 다이코가 6일 동안 폐허가 된 도시를 돌아다니며 건물더미에 매몰된 사람들을 7명이나 구하고 탈진하여 숨지기도 하였다.

구조견은 청각이 인간의 50배, 후각은 인간보다 1만 배 이상 발달하여 한 마리가 구조 대원 30명 이상의 역할을 한다고 한다. 이러한 개의 특성을 살려 인명 구조뿐만 아니라 현재는 시각장애인 안내, 군의 수색 정찰, 마약 탐지, 각종 범죄자 색출 등 많은 분야에서 활용하고 있다.

고령화 사회가 되어가며 독거노인 인구가 증가하면서 개를 애완견이 아닌 반려견으로 생각하며 살아가는 사람들을 많이 볼 수 있다. 사람보다 더 충직하고 믿음이 가기 때문에 사랑하며 더불어 살아가는 것이다. 1980년대에 하와이를 여행하던 중 사람들의 묘지 울타리와 연하여 작은 묘지들이 있었고 그 묘지 앞에는 꽃들이 놓여 있는 것을 보았다. 나는 어린아이 묘지인가 하는 좀 의아한 생각이 들어 가이드에게 물어보니 애완견 묘지라고 알려주었다. 당시만 하더라도 우리나라에서는 생소한 개 묘지 문화였는데 30년이 지난 지금은 우리나라도 보편화되어 가는 경향이다.

개와 사람이 서로 사랑하며 희생 헌신하는 아름다운 이야기들이 가슴 뭉클하게 한다. 인간관계에서도 이러한 미담이 가정이나 사회에 회자되어 노블레스 오블리주의 의무적 이행으로 국민 정신을 결집한다면 자긍심과 생동감 있는 미래 지향적 국가로 발전되리라고 믿어진다.

국민의 자부심은 외적인 자연환경으로 인하여 이루어질 수도 있지만, 내적으로 충만해야 지속성을 갖는다.

스위스 알프스 마을 마티니 지역에 잠시 머물며 개의 헌신적 이야기를 듣고 느껴지는 마음의 자성이다.

구조견의 헌신적인 활동의 아름다운 이야기가 전해오면서 스위스 인들이 개를 애완견을 넘어 반려견으로 대우하고 있는 것을 생각하며 가슴 뭉클한 마음으로 알프스 고갯길을 넘었다.

'개보다 못한 인간'이라는 부끄러운 말을 실감하는 현실에서 지금도 사람을 위한 개의 희생적 활동이 세계 곳곳에서 일어나고 있다. 인간이 개를 사랑하고 보호해주어야 할 당위성이다.

내가 만난 바위산

알프스로 들어와 마테호른Matterhorn(4478m)산을 바라보면서 나도 모르게 뒤로 가슴이 젖혀졌다. 이 경이로운 산을 바라보고 있는 이 순간이 얼마나 감격스럽고 행복했던지 지금 생각해도 마음이 벅차오른다. 이 마테호른산은 파라마운트 영화사의 트레이드 마크이다. 깎

마테호른 (4,478m)

아지른 듯 높이 솟아 위엄스럽게 보이는 이 바위산은 나의 호를 연상케 한다.

나는 교통사고로 두개골이 골절되어 두개골 일부를 도려내고 플라스틱으로 연결하는 수술을 받았다. 이것을 아는 친구가 머리에 뿔이 들어있다고 나의 호를 각산角山이라고 지어 주어 즐거운 마음으로 이 호를 사용하고 있다.

나의 친구들은 호를 서로 지어 주고 사용하고 있다. 성산, 운산, 청산, 심온, 남계. 이들 호는 바위산과 다 연계되어 있다. 높은 바위산은 구름이 머물고 나무가 자라고 샘이 계곡을 따라 흐르고 온천이 솟아나기도 한다. 바위산 위에 떠 있는 별은 아름다운 빛을 발한다.

노르웨이 로포텐제도의 산

명산의 정상은 대부분 바위이고 그 바위산은 장엄하면서도 여러 각진 모습으로 보여주고 있어 신비로우면서 쉽게 정복할 수 없는 위압감을 느끼게 한다.

노르웨이를 여행하면서 눈 덮인 만년설이 위용을 과시하며 우리 앞에 나타난 산도 각진 바위산이었다. 바다 위에 깎아지른 듯한 로포텐 제도의 산들도 모두 바위산으로 이는 마치 알프스 정상 바위산이 물 위에 떠 있는 형상같이 보였다. 구름이 걸쳐있는 바위산 모습은 아름다움을 더해 주었다.

산 정상은 푸른 숲으로 보이는 것보다 우람한 바위산이 자리하면 보기에도 좋고 경이로움을 느끼게 한다. 산은 모든 것을 품고 있기에 나는 나의 호인 각산角山을 좋은 마음으로 받아들이며 호를 지어 준 친구에게 감사한 마음이다.

고르너그라트 전망대에서

여행길에서 지금 마테호른산과 마주하고 있다. 여행자인 나는 이곳에 머무는 동안만 마테호른산과 함께하는 시간이다. 이제 떠나면 다시 내가 이곳에 올 수는 없을 것이다. 아쉬움이 많지만 그대로 받아들이고 떠날 수밖에 없다.

여행은 만남이지만 헤어짐이기도 하다. 이 감동을 가슴속 깊이 간직한 채 장엄하고 아름다웠던 풍광을 기억에 담고 떠나는 것이다. 여행은 추억을 만들고 간직한 채 아쉬움을 남기기 때문이다. 이 감동적인 추억의 시간을 좀 더 간직하고 싶은 마음이 있어 오래 머물며 사진에 담고 눈에 각인하며 가슴으로 받아들였다.

마테호른산을 품고 있는 도시가 체르마트Zermatt이다. 이곳은 휘발유 차량의 운행이 금지된 카프리car-free 리조트 지역으로 시내에서 5 km 정도 떨어져 있는 테쉬Tash에 주차하고 셔틀 열차로 체르마트까지

체르마트

이동하게 되어있다.

어느 여행자는 죽기 전에 스위스 지역 중 오직 한 곳만을 여행하게 된다면 여름이면 체르마트를, 가을에도 체르마트를, 겨울이라도 또 체르마트를 선택할 것이라고 말했다고 한다. 신비함을 가득 품은 알프스의 영봉靈峯 마테호른산이 있기 때문일 것이다.

여행자들은 사방이 바위산으로 둘러싸인 마을에 며칠간 머물며 위엄스럽고 기기묘묘하게 생긴 바위산을 바라보고 감탄하며 인생 여정에 잊지 못할 추억을 만들면서 즐겁게 지내다 간다.

그러나 이곳에서 평생을 살아가는 사람들은 어떤 마음일까? 궁금하기도 하였다. 우리같이 장엄한 바위산을 바라보며 감탄만 하고 살지는 않을 것 같다.

늘상 접하면 무뎌지는 것, 광활한 대지와 넓은 호수, 바다를 바라보며 살아가는 것도 감동인 것을 떠나보면 알게 된다. 머무는 곳을 떠나 머물러 보지 못한 곳으로 찾아가는 것이 여행이다.

노르웨이는 피오르드가 도시를 감싸고 있고, 이스라엘에 가면 세상천지가 온통 돌이지만 이집트는 영토의 93%가 사막이다.

다름을 보고 그 안에서 살아가는 사람들의 생활문화를 접하고 알아가는 것이 여행이다. 스위스에서는 짧은 시간 만남이지만 이런 산들을 마주하면 말없이 바라보고 있는 것만으로도 가슴이 뿌듯하다.

묵직한 침묵의 바위산이 나에게 말하고 있는 듯하다. 자만하지 말라, 작은 일에 너무 마음 쓰지 말라, 포용심을 가져라. 의지할 곳은 찾으면 있다고.

체르마트에서 바라본 마테호른산

바위산은 그 모습 자체가 침묵으로 말한다. 바라보기만 해도 감동적인 산들은 느낌 자체가 언어가 되어 내 마음에 닿는다. 떠다니는 구름, 바람, 바위를 타고 내려오는 물소리 모두가 바위산의 언어라는 생각이 든다.

갑자기 내 가슴에 감동의 물결이 일면서 행복감에 온몸이 젖어든다. 산을 바라보고 서 있는 것만으로도 마음이 풍요로워지면서 여백이 생긴다.

나는 여행 중 바라보는 것만으로도 감동이 되었던 명산들을 만났다. 캐나다 서부 여행 시(2007년)에는 발레마운트Valemaunt에서 재스퍼Jasper로 가는 도중에 구름이 걷히며 침엽수림 사이로 내 앞에 나타난 캐나다 로키산맥의 최고봉 롭슨산Robson Mt(3,954m)의 정상 바위가 손에 닿을 듯 다가오지만, 범접할 수 없는 웅대함과 경이로움에 전율을 느꼈다.

캐나다 롭슨산(3,954m)

가바르니 마을에서 푸두산

프랑스 남부 여행 중(2015년) 피레네산맥의 산속 작은 마을 가바르니Gavarni에서 바라본 푸두산Pudu(3,355m) 정상은 구름에 가려 보이지 않았다. 그 산 밑까지 걸어가서 바라보니 묵직하게 각진 바위산의 정상을 잠시 보여주고, 이내 구름 속으로 사라지는 모습이 신비로움을 더해 주었다.

이 신비스러운 모습을 보기 위하여 많은 사람이 해발 고도 1,570m의 마을을 차로 절벽 길 따라 올라온 후 1~2시간 걸어서 산 밑 폭포까지 올라간다.

뉴질랜드 남섬 여행 중(2005년)에는 빙하로 덮인 마운틴 쿡Mt.

뉴질랜드 마운틴 쿡 (출처:pixabay)

Cook(3,754m)의 산 모습을 좀 더 가까이에서 보기 위하여 빙하 길을 따라 올라가 보았다. 찬란한 햇빛에 반사되는 만년설로 뒤덮인 산 정상의 자태가 우리를 유혹하고 있었다. '뉴질랜드에 와서 마운틴 쿡을 구경하지 않으면 온 보람이 없다.'고 말할 정도로 연중 내내 만년설로 덮여있는 마운틴 쿡의 장엄한 모습은 서던 알프스의 해발 3,000m가 넘는 18개의 봉우리 중에서도 중심이다.

산밑 마을에 있는 매서슨 호수Lake Mathason에 비친 마운틴 쿡을 비롯한 서던 알프스South Alps산맥의 모습은 신비로움을 담고 있는 느낌이었다.

매서슨 호수 (출처:pixabay)

여행 중 만나본 이들 산 정상은 바위산으로 여러 형태의 모습으로 우리 앞에 나타났다. 이들 산과의 만남은 짧았으나 나의 뇌리에 깊이 새겨져 있어 많은 시간이 지나서도 때때로 영롱하게 떠오른다. 아름다운 추억으로 각인되어 뇌 속에 쌓여있다가 어느 순간 떠오르는 모양이다.

조물주는 자연을 만드셨고 세계 곳곳에 여러 형태의 모습으로 간직하고 있으면서 자기를 찾아오는 여행자들에게 보여주는 것이다. 이곳 알프스에도 여러 형태로 산의 모습을 만드셨다.

힘들여 찾아오는 자에게만 보여주는 위엄스러운 자연의 미美이다. 조물주가 만든 경이로움이요, 생명력이 샘솟는 신비가 묻어있는 아름다움이다. 이러한 자연 안에 들어가 안기면 포근함을 느낀다. 살아서 숨 쉬고 있는 산의 생명력을 느끼기 때문인가 보다.

나무들의 크는 소리, 바람결에 부딪히는 소리, 숲이 품고 있는 새소리, 이름 모를 각종 들꽃, 바위 따라 흐르는 계곡 물소리, 산은 호흡하고 숨 쉬고 생동하고 있다.

산은 어머니 마음으로 언제나 진중하고 넉넉한 품으로 우리를 품어준다. 산의 정상은 거칠고 바위산의 모습이지만 그 안에 들면 따뜻한 마음의 고향 같은 평온함이 있다. 산은 산을 경외하고 순종하는 사람에게는 마음을 열어주고 품어준다.

여행길에서 경이로운 산의 장엄함과 대면하게 되면 순간적으로 걷잡을 수 없는 경외감을 느끼면서도 풍만함과 행복감에 빠져든다. 산의 정기가 몸 안으로 들어오기 때문인가 보다.

여행 중 나는 영산을 찾아 산속으로 들어가 바위산 정상을 바라보면서 마음 깊이 이를 담고 각인한다. 이는 자연과의 무언의 대화를 하면서 자연이 전해주는 영감을 받아보기 위해서이다.

바위산은 내 마음의 스승이자 영적 안내자이고 쉼이다.

시공을 넘나든 만남

로잔은 알프스산맥의 융프라우에서 170km여 떨어져 있는 레만 호수를 끼고 있는 도시다. 제네바와 더불어 스위스의 프랑스어권 중심지로 레만 호수 북안 지역의 경사지를 이용한 포도 재배가 활발하여 백포도주로 유명하다. 인터라켄에서 로잔으로 이동 중 하늘이 갑자

스위스 라보지역 마을

기 깜깜해지면서 천둥을 동반한 폭우가 쏟아졌다. 앞을 분간할 수 없을 정도여서 윈도우 브러쉬를 최대로 돌려도 소용이 없었다. 차량은 운행하지 못하고 도로변에 점조등을 깜박거리며 정차하고 있었다. 나 역시 도로변에 차를 세우고 비가 그치기를 기다리며 한동안 있었다. 빗줄기가 좀 약해져 조심스럽게 움직이기 시작하였다. 렌터카 여행 중에는 날씨 변화에 민감하다.

로잔 시내로 들어오는 라보Lavaux 지역 마을마다 넓게 펼쳐져 있는 포도밭이 레만 호수와 어울린 경관은 한 폭의 그림 같았다. 여름철이라 탐스러운 포도송이들이 줄기마다 달려 있다.

라보지역 포도 밭

9~10월이 포도 수확의 적기라고 한다.

라보 지역 포도밭은 2007년 유네스코 세계 자연 유산으로 등재되었다. 마을 포도밭에는 사람들이 미니 열차로 이동하면서 낭만을 즐기고 있었다. 로잔에서 2박 3일간 머물면서 레만 호수를 끼고 있는 마을들의 정취를 즐기기도 하고 로잔 시내를 산책하는 마음으로 이곳저곳을 걸어 다녔다.

로잔 연방 공과 대학 가까이에 있는 모르쥬Morges는 꽃의 도시답게 호수 길을 따라 꽃밭이 잘 가꾸어져 있었다. 레만 호수에서 백조들이 평화롭게 노니는 모습과 호수 너머 알프스산맥이 어우러진 풍경은 환상의 앙상블이었다.

레만 호수

모르쥬 꽃밭

나는 모르쥬 시내를 지나 로잔 외곽에 있는 로잔 연방 공과 대학으로 갔다. 대학 건물 앞 광장 패스트푸드 차량 앞에는 점심시간이 되어서인지 학생들이 줄을 서서 기다리고 있었다. 광장 옆 도서관은 단층으로 길게 연결된 통로 형태의 특이한 건물이다.

내가 이 대학을 찾은 것은 얼마 전에 읽은 책 《아주 사적인 긴 만남》이 생각나서이다. 책을 읽으면서 36년이라는 나이 차이를 초월한 우정 어린 예술적 감정을 서로 꾸밈없이 진솔하게 소통한 내용에 감동되어 로잔에 온 김에 가수 루시드폴(조윤석)이 공부하였던 대학을

로잔연방공과 대학

도서관

공과대학 건물

보고 싶었기 때문이다.

요즈음 소통이 어느 계층에서나 화두가 되기도 한다. 부모와 자식, 상사와 부하, 통치자와 정치인, 국민 간에 소통이 잘 안 되고 있다는 것은 주지의 사실이다. 그러나 소통은 하루아침에 이루어지는 것이 아니라고 생각된다. 이는 가정 생활문화와 밀접한 관계가 있다. 식탁에 둘러앉아 식사하며 이야기를 나누는 식탁 문화가 중요한데 우리나라는 대화하며 즐겁게 식사하는 문화에 익숙하지 않다.

가족 간 대화 없이 식사한 후 직장이나 학교에 가고 가사 하는 역할이 몸에 밴 생활은 가정에서조차 소통할 기회를 없앤다. 이러한 생활양식이 사회생활로 이어지다 보니 소통이 제대로 되지 않는 것이다. 소통이 제대로 되려면 먼저 토의 문화의 기본이 되는 상대방 이야기를 잘 듣고 이해하며 존중해주어야 한다. 그러나 어릴 때부터 가정에서 습관화되지 않아 성인이 되어서도 소통하는 생활 문화에 적응하기가 쉽지 않다.

이 책에는 의사 시인인 마종기와 가수 화학 공학도 루시드폴(조윤석)이 36년이라는 나이 차이에도 불구하고 서로 주고받은 54통의 이메일 내용이 담겨있다. 세대를 뛰어넘은 소통이다.

가수인 루시드폴이 마종기 시인을 존경하는 마음의 발단으로 이루어진 작품으로 두 사람을 잘 알고 있는 출판사 주선으로 기획하고 편집하여 상재된 것이다.

마종기(1939.1) 시인은 1959년 연세대학교 의과대 본과 1학년 재학중 현대문학에 '해부학 교실', '나도 꽃으로 서서' 등을 발표하여 등단했다. 1960년에 출간한 첫 시집 《조용한 개선》으로 제1회 '연세 문학상'을 수상하였고 그 후 많은 문학상을 받았다.

1966년에 자의 반 타의 반으로 미국 유학길에 올라 미국에서 의과대학을 졸업하고 의사와 교수로 활동하였다. 은퇴 후에는 플로리다주 올란드에 거주하며 6년 동안 모교 의과 대학에서 '문학과 의학'을 강의했다.

마종기 시인의 아버지는 아동 문학가 마해송 선생이고 어머니는 전설적인 무용가 최승희 씨의 애제자였다.

루시드폴(조윤석, 1975.3)은 1998년 인디밴스에서 첫 앨범 'Drifting'으로 데뷔하여 정규 앨범을 발표한 가수다. 서울대학교 화공과를 졸업하고 스웨덴에서 1년간 연구 활동을 한 후 이곳 로잔 연방 공과 대학 대학원에서 2003년부터 2009년까지 6년간 연구하여 생명공학 박사 학위를 취득하였다. 귀국하여서는 안테나 미디어 소속으로 활동하였다. 2015년 부산에서 결혼한 후 제주도로 이주하여 귤 농사를 지으며 동화 작가와 음악가로 생활하고 있다.

책의 내용은 루시드폴이 로잔에서 박사 학위 연구를 하던 2007년부터 2009년까지 2년간 미국에 있는 마종기와 주고받은 이메일이다.

젊은 공학도 루시드폴이 마종기 시인의 시를 좋아하는 것으로부터 시작된다. 점차 이메일 교류가 잦아지면서 나이와 무관하게 친구처럼 서로 삶의 조언자로 예술, 여행, 정치, 개인의 사생활 문제까지 격의 없이 논의한다. 소통하며 기쁘게 마음을 나누는 삶이 어떠한 의미인가를 깊이 생각하게 하였던, 대서양을 오고 간 두 사람 간 사유思惟의 대화에서 삶의 활력소를 받는 느낌이 들었다.

첫 이메일은 2007년 8월 24일 루시드폴이 로잔에 정착하기까지 유럽 5년간의 이국 생활에 대한 회상과 마종기 선생의 시가 작곡의 원동력이 되어 음악 앨범을 만들게 되었다는 존경과 감사의 마음을 담아 보낸 것으로부터 시작된다.

두 번째 이메일은 2007년 8월 30일 마종기 시인이 루시드폴(조윤석)에게 보낸 답신이다. 미국에서 40년간 의사 생활을 하다가 은퇴를 하고 2002년부터 의과 대학 본과 2학년 학생들에게 '문학과 의학'이라는 강의를 하고 있다는 내용이다.

의사들은 예과와 본과를 마치고 인턴, 레지던트의 수련의 과정까지 10년 이상을 의학에 집중하다 보면 편협하고 자기중심적인 속 좁은 사람으로 지칭되기 쉽기 때문에 이들에게 인문학적인 소양을 심어주고 예술과 접할 기회를 주려는 마종기 시인의 강의 의도를 전해주고 있다. 루시드폴이 생명공학을 연구하면서도 작곡하고 노래하는 음악가인 것이 총체적 삶에 중요하다는 것을 격려해주고 있다.

나는 과학자들에게 철학, 문학, 음악, 미술 등 인문학적인 소양을 심어주고 예술과 접할 기회를 주려는 그의 생각에 전적으로 동의한다. 나 역시 연구소에서 3년간 근무하면서 과학자들에게 인문학을 가까이 접해줄 필요가 있다는 생각이 들어 연구소 연구원들에게 인문학을 위주로 한 3박 4일 연수 과정을 만들어 매년 수료하도록 하였다.

인터넷을 통하여 주고받는 이메일에서 예술관, 여행담, 정치적 견해에 대한 자신들의 의견도 나누고 있었다.

마종기 시인은 "나는 나 자신을 위로하고 싶어서 시를 찾았다. 그래서 나의 시는 처음부터 수사학과는 거리가 있었으나 그 어느 때에도 진심 아닌 적이 없었다. 진심 아닌 것은 나를 위로해 줄 수는 없었기 때문이다. 진심에서 출발한 위로의 표현과 분위기가 비록 거칠었으나 점차 주위의 관심을 끌었던 것 같다."며 시를 쓰는 마음을 전하였다.

1966년 한국을 떠나 미국으로 가게 된 계기가 자의만은 아니었던 것이 은연중에 느껴진다. 루시드폴은 박사 학위 연구 도중 한국에 머무는 짧은 체류 기간에도 여가를 내어 자기가 작곡한 음악을 연주했다. 공학도들로서는 엄두도 못 낼 찾아보기 힘든 예술에 대한 열정을 볼 수 있었다. 연구 중에도 천수경을 읽고 불자가 되어 진의를 깊이 알고자 산스크리트어를 배웠다는 의지에 감명을 받았다.

박사 학위 논문을 유학 온 학생들의 도움을 받아 13개국 언어(한국어, 독일어, 프랑스어, 이탈리아어, 네덜란드어, 폴란드어, 스웨덴어, 이란어, 그리스어, 스페인어, 영어, 중국어, 일본어)로 발표하였고 2007년 스위스 화학학회 고분자 부문 최우수 논문발표상을 받았다. 음악과 연구를 병행하는 열정과 사고의 다양성에 감탄하지 않을 수 없다.

마종기 시인은 한국의 정치에 대한 견해도 피력하였다. 매우 공감이 가는 내용이었다. 그는 '도대체 한국은 왜 국회의원이 그렇게 많은 월급과 치외법권적 혜택을 받고 있는지 이해가 되지 않는다. 미국에서는 국회의원을 하라고 해도 월급이 적어서 싫다고 하는 사람이 많다.'라며 한국 사회의 한 단면을 지적하였다.

또 부자들이 돈을 벌어들이는 것이 자본주의가 아니라 번 돈을 사회에 환원하고 그것을 자랑스럽게 생각할 때 진정한 자본주의가 시작된다고 언급하고 있다.

우리나라의 부자들은 자식에게 사업을 계승하려는 편법 쓰기에 연연한다. 자기가 번 돈이 '사회의 것'이라고 생각하는 사람이 소수이다. 마종기 박사도 매해 연봉의 50% 이상을 연방 세금, 주 세금, 시 세금, 사회보장 등의 여러 가지 명목으로 세금을 낸다. 그리고 연봉의 반도 안 되는 실제 수령액 중 20% 정도를 각종 단체에 기부한다. 자본주의는 모두를 위하여야 한다며 돈 많은 사람의 의식 전환과 기부 문화가 활성화되어야 한다고 하였다.

두 사람은 바쁜 생활 중에도 서로의 여가를 이용하여 여행한 이야기를 나누고 있다. 마종기 시인은 3주간 남미 4개국(칠레, 아르헨티나, 우루과이, 브라질)을 자유로운 스케줄의 패키지여행을 다녀왔던 소감을 전해주었고 이집트 여행 이야기도 하고 있다.

루시드폴은 한국과 이탈리아 토리노를 각각 일주일간 출장 갔던 이야기를 했고, 포르투갈을 5일간 여행하면서 8~9개월 동안 독학하여 배운 포르투갈어만을 사용하고 다녔다며 혼자 하는 여행의 외로움을 달래기 위해 성당을 찾아 고백하였다는 이야기도 한다. 외롭고 외로우니 도와주시기를 간구하는 기도를 하였다니 7년간 혼자 외국 생활하며 여행하는 것이 즐겁지만은 않았겠다는 측은한 마음이 들었다.

루시드폴이 박사 학위를 받고 진로를 고민하고 있을 때 마종기 시인이 인생 경험에서 터득한 느낌을 이메일로 보낸다. 갈림길에서 선택한 삶이 그 당시 결정이 옳았는지 아닌지 알 수 없었다고 하였다.

사람은 결혼해도, 안 해도 후회한다는 말은 후회 안 하는 인생은 없다는 말 같다. 단지 그 후회의 양과 질이 문제라며 자신의 의견을 이메일에 담았다.

① 힘들여 공부한 생명공학을 아마추어라는 생각으로 겸손히 더 공부하라.
② 잠을 좀 덜 자고 내가 감당해야 할 팔자라고 생각하여 윤석 군이 가진 음악적 자질과 열정, 그 황홀함을 버리지 마라.
③ 되도록 너무 늦기 전에 고국에 정착하라.

이유는 명확히 말할 수 없으나 그렇게 하는 것이 후회를 덜 할 것 같다고 자기 심정을 이야기한다.

마종기 시인은 미국에서 성공한 삶으로 40년을 살았다. 그러나 ③ 번째 조언에서는 루시드폴에게 고국을 그리워하는 속내를 드러내고 있다.

마종기 박사는 의사와 시인, 루시드폴은 제주도에서 귤 농사를 지으며 동화 작가와 음악인으로 활동하고 있다. 생명공학을 귤 농사에 어떻게 접목해 나갈지는 아직 나이가 있으니 지켜볼 일이다.

두 사람이 서로 나눈 신뢰와 존경과 그리고 사랑하는 마음이 이어지는 소통 내용을 보며 나이는 그저 숫자에 불과하다는 느낌이다. 두 사람은 전공 분야에 매진하면서도 예술 분야(시, 음악)를 전문가 못지않게 늘 염두에 두고 시를 쓰고 작곡하며 노래를 하였다.

예술은 자기 전문 분야를 더욱 공고하게 한다. 이것들은 무릎뼈와 근육과 같은 관계라는 생각이 든다. 다리가 튼튼해지려면 뼈와 근육이 튼튼해야 한다. 뼈가 과학 분야라면 근육은 예술(시, 음악) 분야이다.

어렸을 때부터 예술 분야 한 가지를 배워 익히면 여유롭고 즐거우며 보람된 삶을 누릴 수 있다는 것을 두 사람의 시공을 넘나든 소통에서 얻은 교훈이며 뉘우침이다.

알프스의 작은 도시 국가 리히텐슈타인

우리는 스위스를 여행한 후 독일 남부를 여행하기 전 알프스의 작은 도시 국가인 리히텐슈타인Liechtenstein에서 2박 3일간 머물렀다. 리히텐슈타인은 스위스, 오스트리아와 국경을 접하고 있는 작은 영세중립국으로 면적은 160㎢, 남북 25㎞, 동서 6㎞ 길이로 우리나라 강

리히텐슈타인

화도의 절반 정도밖에 되지 않는 작은 나라로 하루 정도면 충분히 돌아볼 수 있다.

이 나라의 문화, 생활을 좀 더 접해 보기 위하여 수도인 파두츠Vaduz의 호텔에 2박 3일 있으면서 이곳에서 16㎞ 남쪽에 있는 마이엔펠트Maienfeld에 가서 스위스 작가 요한나 슈피리가 쓴 《알프스 소녀 하이디》에 나오는 하이디 빌리지Heidi Village와 인근의 온천 치료 여행지인 바드 라가츠Bad Ragaz에 가보기도 하였다.

이번 여행길에서 가게 된 리히텐슈타인 공국은 1699년 리히텐슈타인 후작인 한스 아담 1세Hans Adam 1가 셀렌베르크를 구입하고 1712

하이티빌리지

년 파두츠 백작령을 사들여 1719년 1월 23일 신성 로마 제국의 황제 카를 6세의 명에 의하여 통일되어 리히텐슈타인 공국을 형성하게 된 것이다.

1866년 독립되어 1867년 영세 중립국이 되었으며 1924년에는 스위스와 관세 동맹을 체결하여 스위스 프랑을 리히텐슈타인의 공식 화폐로 결정하여 사용하고 있다. 1990년에는 160번째 회원국으로 유엔에 가입하였다. 이곳 7월 평균 기온은 15~18도로 우리가 여행한 기간(7월 17~19일)의 날씨는 여행하기에 가장 적합한 온도였다.

리히텐슈타인은 낙농업이 주요 산업이지만 주수입원은 국제 금융업(30%), 금속 가공업, 우표 판매, 관광 수입이다. 인구는 약 3만 7천 명(2015년 기준)으로 독일계가 88%이며 1인당 국민소득이 6만 불 이상으로 상당히 높은 수준이다.

국내 노동력이 부족하여 3만 명의 노동자 중 절반 정도가 스위스, 오스트리아, 독일에서 매일 출퇴근하고 있다. 언어는 주로 독일어를 사용하고 있으며 종교는 기독교 인구의 76%가 로마 가톨릭 신자이다.

1921년에 제정된 헌법에 따라 입헌 군주제를 채택하고 의회는 단원제로 임기 4년의 국회의원 수는 25명이다. 경찰관이 120명 정도 있으며 외교권과 국방권은 스위스가 가지고 있다.

국민에게는 납세와 병역의 의무가 없고 의무 교육제이다. 왕족 이외에는 빈부의 격차가 없으며 실업도 범죄도 거의 없는 평화로운 나라이다. 국적 취득이 쉽고 세금 부담이 매우 적어서 외국 자본이 자주 회사를 설립하여 수도인 파두츠에는 2,000개 이상의 회사들이 등

록해 놓고 있다.

국내총생산GDP의 30%는 금융업이 차지하고 있으며 자국의 15개 은행이 벌어들인 순이익이 270억 유로로 대부분 해외 고객 자산 유치이다. 한때는 해외 조세 피난처로 이용되었으나 주변국들의 압력으로 최근에는 은행 예금 공개를 요구하여 많이 줄어든 상태이다.

이색적인 것은 국고 수입의 상당한 비율(10~30%)을 차지하고 있는 우표 수출국으로 세계 여러 나라에 우표 도안을 수출하고 있다는 것이다. 수도 파두츠에 위치한 우표 박물관은 무료로 입장 가능하며 1930년에 오픈되었는데 1921년 이후 발행된 리히텐슈타인 우표를

리히텐슈타인 은행

우편박물관

리히텐슈타인 우표

비롯하여 우표의 역사, 자료가 전시되어 있고 판매도 하고 있었다.

수도인 파두츠Vaduz는 정치, 문화, 경제, 관광의 중심으로 인구는 5,340명 정도가 살고 있다. 16세기에 건축된 파두츠 성Schloss Vaduz이 고지대에 위치하여 시가지를 내려다보고 있는데 현재 1990년에 즉위한 한스 아담 2세Hans Adam 2 국왕이 사는 개인 사유지이다.

경사진 길을 따라 힘들게 올라갔으나 성 내부는 출입이 금지되어

파두츠 성

문은 굳게 닫혀 있었다. 성 외부에서 사진 몇 장을 찍는 것으로 만족할 수밖에 없었다. 파두츠 성을 보기 위하여 올라온 외국의 여행객들과 함께 주변을 한참 동안 서성거리다 아쉬운 마음을 가지고 내려왔다.

국왕은 원래 오스트리아에 거처가 있었는데 1938년부터 이곳에서 살고 있다고 한다.

시내 중심에는 국회의사당, 정부 청사, 시청사, 국가 박물관, 우표 박물관 등이 규모는 작지만 아담한 건물들로 보기 좋게 한곳에 자리

국회의사당

정부청사

잡고 있다.

리히텐슈타인은 워낙 작은 나라이고 별 볼 것이 없어서인지 한국 여행객들은 오스트리아나 스위스, 남부 독일을 여행하면서 수도인 파두츠 시내만 잠시 둘러보고 간다. 여유롭게 여행하는 우리는 작은 나라에 대한 호기심으로 이곳에서 3일간 머물며 도시 구석구석을 돌아보며 다녔다.

리히텐슈타인 전 지역을 조망할 수 있는 884m의 고지대 마을인 트리젠베르크Triesenberg에 올라갔다. 전망 좋은 카페에 앉아 커피 한잔과 케이크를 먹으면서 내려다본 집들과 들판, 푸른 초원, 산, 강, 구름이 어울려져 있는 풍경은 평화스럽고 자연을 그대로 품고 있는 모습이었다. 50대의 카페 주인 여자는 상냥한 미소를 지으며 리히텐슈타인은 살기 좋은 곳이라고 말해주었다.

트리젠베르크 마을에서

카페에서 나와 계속 오르막길을 따라 올라가 스키장이 있고 오스트리아와 접해 있는 해발 1,602m 내륙 마을인 말번Malbun에 갔다. 리히텐슈타인에서 가장 고지대에 위치하여 간혹 트레킹하는 사람들만 보였다. 좀 이색적인 분위기를 기대하고 올라갔지만 별 볼 것이 없는 한적한 산골 마을이었다.

겨울철에는 스키장으로 활발하겠지만 여름철에는 한산하다. 여행 중 기대를 하고 가보지만 때로는 실망할 때도 있다.

리히텐슈타인은 특별한 명소는 없지만 밝고 친절한 사람들이 평온하게 살아가는 곳이고 운치가 평화스럽고 목가적인 작은 나라이다.

말번

여행 전에는 잘 알지 못했던 작은 나라를 여행하면서 국가에 대하여 생각해보게 된다. IT 기술 발전으로 글로벌 시대가 도래하면서 경제 활동은 국가 개념이 엷어진 다국적 기업 형태가 많아졌다. 국가에 대한 충성심도 점차 약해지고 개인주의 의식이 강해지는 현실이다. 인간이 태어나서 삶다운 삶을 살아가는데 국가가 오히려 올무가 되어 비참하게 살아가는 국민이 얼마나 많은가?

북한과 남미의 베네수엘라, 에콰도르를 비롯하여 일부 중동 국가들 국민이 위정자들의 탐욕과 실정으로 가난과 전쟁의 상흔에 시달리고 고통받으며 살고 있지 않은가?

나라는 작지만 1인당 국민소득 6~8만 불로 풍요로우며 영세 중립국가로 전쟁 위험 없이 평화스럽게 사는 국민이 행복해 보였다.

알프스산맥에 있는 영세 중립국인 작은 나라 리히텐슈타인을 여행하며 느껴지는 것은 마음의 평온함이다.

Part 03

독일 여행

곧은 소나무
굽은 소나무

스위스 국경과 접한 알프스 부근의 독일 퓌센Fussen으로 넘어오면 하늘 높이 뻗어 올라간 소나무 숲을 자주 보게 된다. 여행 중 보게 되는 소나무는 정겹다. 소나무 향이 우리나라 어느 소나무 숲을 거닐며 맡는 그 향과 다르지 않기 때문이다.

소나무 숲에서 뿜어 나오는 피톤치드가 건강에 좋다고 하여 계절 관계없이 수목원을 찾아다녔던 추억이 떠오른다.

내가 2년여 동안 근무하였던 지역이 동구릉과 연해 있어 매일 일과

동구릉 소나무 숲

후에는 건원릉을 비롯한 여러 왕릉에 있는 소나무 숲속을 한 시간 정도 걸어 다녔다.

우리나라의 왕릉에는 수령 수백 년 된 소나무가 숲을 이루고 있다. 사철 푸른 숲에는 사람들이 많이 찾아온다. 2006년 7월 영변시 공안부 요원의 안내를 받아 백두산 여행 시 산 중턱 도로변에 하늘로 뻗어 올라간 백송 숲을 만났다. 이런 숲을 처음 보아서인지 색다른 감정을 느끼며 잠시 걸었다. 다시 볼 수 있을까 하는 아쉬운 마음이 들었다.

월남(베트남)의 나트랑에서 근무(1971.5)할 당시 미군 수송기를 타고 중부 지역의 달라트로 간 적이 있다. 해발 고도 1,600m의 달라트는 고지대에 위치하여 건기인 여름철에도 시원하여 휴양지로 이용되고 있다. 높이 뻗은 적송들이 도로 안쪽 숲속의 주홍색 지붕에 노란색으로 벽을 도색한 집들과 조화를 이루며 넓게 퍼져 있었다. 프랑스가 지배하던 시기에 지은 집들로 당시 월남의 고위층들 별장으로 사용되고

해송

있어 그들이 타고 온 여러 대의 소형 자가용 비행기가 활주로에 정류하고 있었다.

이 도시의 여자들은 흰 아오자이 위에 스웨터를 입고 있었다. 나트랑은 무더위 때문에 간편한 옷을 입고 있는데 이곳은 스웨터까지 입고 있으니 젊은 사람들은 시원한 날씨에 신체적 변화가 있겠다는 느낌을 받았다. 별장 휴양지로 이용하는 이유를 알 것 같았다.

당시에 소나무가 저렇게 하늘 높이 뻗어 올라갈 수 있는가 감탄하며 바라보았던 추억이 있다. 기후와 토질 여건이 적송이 자라는데 적합한 모양이었다. 48년이 지난 지금도 그때 감탄하며 보았던 적송 숲과 아름다운 집의 조화가 눈에 선하다.

우리나라는 어디를 가든지 소나무를 볼 수 있다. 시골 마을 어귀에서부터 집 근처 산에 오르면 먼저 눈에 띄는 나무가 소나무다. 우리나라에는 참나무가 많았으나 숲을 개간하고 연료로 쓰이고 산불로 인해 다른 나무가 타버린 그 자리에 소나무를 심으면서 소나무 영역이 넓혀졌다.

조선 왕조가 들어서며 소나무가 최고의 나무로 자리 잡게 되었다. 고려 시대 이전에는 소나무가 그리 많지 않았고 느티나무, 참나무가 많았다. 궁궐에서도 소나무가 아니라 느티나무나 참나무를 건축 자재로 많이 썼다고 한다. 조선 왕조 때에는 소나무로 배를 만들거나 임금의 관제 건축물에 많이 쓰였다. 전국에 소나무가 잘 자라는 300여 곳을 봉산封山으로 지정하여 출입을 금지하는 엄격한 소나무 보호

정책을 시행하였다.

소나무는 강인한 생명력을 내재하고 있다.

우리나라는 산악 지대가 많아 고산 지대 바위틈에도 소나무는 뿌리를 내리고 기이한 모습으로 자라고 있는 것을 볼 수가 있다. 소나무는 햇빛을 많이 받는 양지이면 척박한 땅이거나 건조한 지역에서도 살아가는 강인한 생명력을 가지고 있다.

소나무는 암꽃과 수꽃이 같은 나무에 핀다. 통상 암꽃은 나무의 꼭대기 근처에, 수꽃은 아래 나뭇가지에 피어 꽃가루가 바람이 불더라도 위로는 날아가지 않아 남매 수정이 되지 않도록 하여 자손의 형질을 점점 나빠지지 않게 스스로가 우량 종족 번식을 하는 안전 조치를 하는 신비로움을 지닌 나무다.

소나무는 종류에 따라 다른 이름이 있다. 적송赤松은 소나무의 다른 이름으로 실은 나무줄기가 붉다고 하는 일본식 이름이다. 그들은 '아까마쯔'라고 하는데 우리 소나무는 외국에 일본 적송으로 알려져 있다. 참으로 안타까운 일이다. 해송海松은 바닷가에 자라는 소나무로 원래 이름은 곰솔이다.

반송盤松은 보통 소나무가 외줄기인 것과 달리 아래부터 여럿으로 갈라지는 소나무이다.

반송

춘향목春陽木은 해방 직후 춘양역에서 많이 가져온다고 하여 붙여진 이름인데 정식 명칭은 금강소나무다. 미송美松, Douglas fir은 미국의 대표적인 비늘 잎나무로서 소나무와는 과科가 같으나 속屬이 다르다.

나무는 위로 쭉 뻗어 올라가야 좋은 재목감이라고 한다. 안면도 소나무 숲에는 하늘 높게 뻗어 올라간 붉은 소나무 적송이 군락을 이루고 있다. 그야말로 장관이다. 대전에서 근무할 당시에 안흥에 위치한 종합시험장을 오가며 몇 번 그 숲속에 들어가 걸어보기도 하였다. 지금은 휴양림으로 사람들이 많이 찾아 삼림욕을 하는 힐링 관광지가 되었다.

이 안면도 송언리 소나무 숲은 조선 시대 국가에서 관리한 대표적인 숲이다. 훤칠하게 자태를 뽐내고 있는 적송이 뿜어내는 솔 향기 그윽한 숲길을 걷노라면 피로가 풀리는 듯 마음이 상쾌해진다.

이곳의 소나무는 보통 15~20m 정도이고 큰 것은 30m까지 자란

적송 소나무 숲

다. 안면도의 소나무가 우량한 형질을 간직할 수 있는 것은 수백 년 동안 꾸준히 가꾸며 정성껏 재배 관리를 하였기 때문이다.

독야청정 곧은 소나무

일반 가정에서도 소나무는 기운이 맑으므로 큰 소나무 밑에 있으면 건강해진다는 인식으로 소나무로 만든 집에서 살면서 소나무와 솔가지로 땔감을 하여 솔 향기 나는 연기를 맡으며 살았다. 선비들은 담장에는 매화, 대나무를 심고 밖에는 소나무를 심어 감상하며 소나무로부터 지조, 절개, 충절, 기상을 배웠다.

위로 뻗어 올라간 소나무가 군락을 이루어 숲을 이룬 모습은 보기에도 좋고 사람들에게 유용하게 활용되지만 곧은 소나무 한그루가 외롭게 뻗어 서 있는 모습을 보면 독야청청하여도 보기에는 안쓰럽고 외로워 보인다. 조재造材나 궁궐 재료로 쓰이나 보고 즐기기에는 단조롭다.

창녕에서 근무하면서 주변 낮은 산에서 간혹 굽어서 기이한 형태로 서 있는 소나무를 만났다. 보는 위치에 따라 다르게 보여 관상용으로 좋겠다고 생각하여 산 주인을 찾아 기부해 주도록 부탁하였다.

산 주인은 굽어서 재목감도 되지 않는다고 승낙하여 영내에 옮겨 심었다.

마을 어귀의 300년이상된 소나무

창녕군 산림과에 신고하여 사람들이 많이 볼 수 있는 곳에 옮겨 심으니 다들 보고 신기해하고 관상수로 최고라 하며 좋아들 하였다. 수령이 300년쯤 된 소나무이니 자기 나름의 모습을 갖춘 것이다. 시골 마을 어귀의 우아하고 품위 있는 소나무들은 대개 수령이 300년 이상 된 소나무들이다.

창녕 땅은 천석 땅이라 조금만 파도 천석 돌이 나오기 때문에 소나무가 제대로 뿌리를 내리지 못해 위로 못 뻗고 몸체가 여러 모습으로 비틀리면서 자란다. 300여 년의 세월을 견디면서 그 모습이 기이한 형태로 자란다. 이런 소나무는 조재造材나 궁궐 재료로 사용되지는 못하나 보고 즐기기에는 쓸모가 있다. 산속에 외로이 있는 것보다 사람들이 많이 볼 수 있는 곳으로 옮겨 심으니 사랑받고 잘 자란다.

창녕의 영내 소나무

척박한 천석 땅에서 비바람에

쓰러지지 않고 살기 위하여 바위에 뿌리를 내려가며 각고의 세월을 견디면서 용틀임한 소나무의 모습은 우리에게 강인함을 보여준다.

굽은 소나무는 재목감은 되지 못하나 사람들을 즐겁게 해주는 관상용으로 사랑을 받으니 제값을 하는 셈이다. 척박한 땅에서 죽지 않고 굽으면서도 인고의 세월을 견디며 살아온 굽은 소나무의 모습은 마음에 고통이 있는 사람에게 보여줄 가치가 있다.

사람은 곧은 사람만 쓸 만한 재목이 아니다. 굽은 사람도 능력을 인정해 주는 사람을 만나 사랑받고 잘 다듬어지면 그 값을 할 수 있는 것이 아니겠는가? 우리 주위에는 쓰는 용도 쓰는 사람에 따라 존재 가치가 다르게 나타나는 것을 볼 수 있다.

존재 가치는 쓰임이나 다듬기에 따라 다르게 나타날 수 있다. 그 사람이 자라온 환경, 과거의 행적에 너무 비중을 두어 선입관을 가지고 편향된 잣대로 판단할 일만은 아닌 것 같다.

굽은 소나무는 애초 뿌리내린 토양이 생존하기에 부적합하다 하여도 부대끼고 몸부림치며 적응하여 살아간다. 그렇게 인고의 장구한 세월 동안 산 역경의 흔적들이 품위 있고 아름답게 조화된 자태로 사람에게 즐거움을 준다. 반면 곧은 소나무는 양질의 토양에 뿌리를 내려 하늘 높이 곧게 뻗으며 어려움이 없이 성장한다. 그러다 재목이 되면 베어져 필요한 목재로 사용된다.

사람도 타고난 재능이나 자질에 따라 적재적소에서 제 몫을 다해 사회에 공헌하며 살아간다면 보다 밝은 사회가 되지 않을까 하는 생각에 소나무를 예찬하게 된다.

좋은 환경에서 태어나 좋은 스펙을 쌓아 사회에 기여하고 행복하게 살아가는 사람들도 많으나 때론 너무 잘 나가다가 과욕으로 무너져 버리는 사람들도 보게 된다.

어려운 환경에서 힘들었지만 일찍부터 모진 세상 풍파를 겪으면서도 올바르게 자란 사람은 제 본분이 어떤 것인지, 과욕이 어떤 화를 불러오는지를 많이 보고 경험하며 살아왔다. 그래서 검은 유혹에 쉽게 빠지지 않고 살아간다. 일찍이 고난을 겪으며 강해진 것이다.

인생은 말년이 중요하다고 한다. 곧은 소나무는 경제적 가치가 있는 재목으로 쓰이고 굽은 소나무는 인고의 세월을 견뎌낸 형상으로 많은 사랑을 받고 살아가니 이 또한 가치 있고 보람된 소나무의 삶이 아니겠는가?

환경 탓만 할 일이 아니라는 것을 굽은 소나무의 형상을 보며 즐거워하는 사람들의 표정에서 깨닫는 삶의 지혜이다.

여행 중 만난 불후의 명작들

렌터카로 하는 여행은 시간이나 장소 선택을 자유롭게 할 수가 있다. 여행 중 자유는 쉼이고 여유이며 역사와 문화를 만나는 기회이다. 렌터가 여행은 가보고 싶으나 대중교통으로는 가기 어려운 숨겨진 오지의 자연 경관을 만날 수 있게 하여준다.

뮌헨의 피나코테크에 있는 미술관

나는 어느 나라를 여행하든지 자유로운 시간을 활용하여 미술관을 찾는다. 그림 그리는 재주는 없으나 미술관을 찾는 이유는 유명 화가의 작품을 직접 보고 예술에 대한 배움의 자극을 받기 위해서이다.

여행 중에는 종종 유명한 미술관을 만나게 된다. 미술관에 들어가 전시된 작품들을 감상하면 품격있는 여행을 하는 느낌이 든다.

나라마다 큰 도시에는 대부분 유명 미술관이 있다. 예술에 관심 있는 사람들이 많이 모여든다. 세계적으로 유명한 미술관에서는 우리나라에서는 볼 수 없는 미술품들이 전시되어 있다. 화가가 그린 진품을 보고 설명을 들으면 더 감동적일 것 같아서 입장료는 비싸지만 들어간다.

미술 작품을 보면서 화가가 작품을 통해 나타내고자 하는 의미와 사상과 시대적 배경을 생각하면서 감상하면 진한 느낌이 오기도 한다. 미술 작품에 관한 지식 없이 관람하면 느낌이 없는 그저 돌아만 본다는 생각이 든다. 미술관을 찾는 것은 미술 작품에 대한 호기심도 있으나 느낌의 배움이 있기 때문이다.

초등학교 때 그림 숙제로 그림책에 빨간 생선을 흉내 내어 그려서 제출하였는데 선생님이 이 그림을 보고 창의적인 발상이라고 칭찬하시면서 교실의 뒷벽에 전시한 적이 있었다. 미술 숙제가 있을 때마다 좀 특이한 그림이 있으면 그대로 본떠서 제출하곤 하였는데 선생님이 창의적인 그림 재능이 있어서가 아니라 모방한 것을 아셨는지 그 후로는 별로 관심을 주지 않았다. 나도 흉내 내는 그림 그리기를 접었고 그림에 관심도 없어졌다. 재능이나 흥미가 없으니 시들해졌다.

세월이 흘러 60여 년이 지나 렌터카로 세계 여행을 하며 큰 도시에서 유명 미술관을 만나게 되고 인문학, 예술 분야에 관심을 가지면서 발길이 자연히 미술관으로 향하였다. 미술 작품을 이해하기 위해 서양 미술사, 저명 화가들과 관련된 책을 읽으면서 작품 감상법을 조금씩 익히다 보니 여행 중 미술관을 찾는 빈도가 잦아졌다. 유명 미술관을 그냥 지나치려면 마음 한구석이 허전한 느낌이 들었다.

미술관을 드나들며 생기는 의문점은 그 많은 도시의 미술관마다 저명 화가들의 작품들이 전시되어 있는데 모두가 진품인지, 화가의 대표작이 여러 작품이 있는 것인지, 복사 품이 아닌지 판별이 잘 안 된다는 것이다.

유명 미술관마다 화가의 대표 작품이 전시되어 있고 간혹 세계 순회 전시회로 그 작품이 잠시 비어 있어 감상하지 못하는 아쉬움이 있을 때도 있었다.

이번 여행 중 독일 뮌헨에서 2박 3일간 머무는 가운데 일요일이 포함되어 있었다. 뮌헨은 일요일이 박물관 데이로 모든 박물관이 1유로 만으로 입장이 가능하여 5개의 미술관을 입장료 1유로씩 내고 다녔다. 중세, 근대, 현대 미술관을 돌아다니면서 그 시대의 미술관을 아주 싼 입장료로 여유롭고 기분 좋게 전시된 미술품들을 감상하며 다녔다.

피나코테크Pinakothek에는 중세(알테 피나코테코Alte Pinakothek), 근대(노이에 피나코테코Neue Pionakothek), 현대(피나코테코 데어 모데르네Pinakothek der Moderne) 미술관이 있고, 고대 소각 비술관(글립토데그Glyplothek), 현대 미술과 디자인(브란트호스트 미술관Museum Brandhorst)이 같은 지역에 모여 있어 편하게 일요일 박물관 데이를 만끽하며 다녔다. 1유로 입장

료의 덕을 톡톡히 본 셈이다.

미술관 입장료가 대개 10유로 정도 하는데 1유로이니 공짜 같은 기분이었지만 즐기면서 감상하며 다녔다. 여행 중 하루를 미술관과 박물관 위주로 관광한다는 것은 자유로운 시간이 있기에 가능하다.

세계 여러 나라를 여행하는 중에 미술관을 만나면 교과서나 미술책의 지면에서 보던 당대의 유명 화가 작품을 직접 본다는 설렘으로 걸음이 빨라진다. 그 당시의 시대 상황과 화가들이 품고 있었던 내면의 고뇌가 담긴 작품을 감상하다 보면 숙연해지기도 한다. 작품에 담긴 시대상과 화가들의 고뇌한 흔적은 나에게 역사와 예술에 관심을 가지게 하는 자극제 역할을 하여준다.

근대 미술관에서

캐나다 동부 여행 중 토론토의 온타리오 미술관과 오타와 국립 미술관에 들렀는데, 거기서는 캐나다 아티스트 그룹 오브 세븐Group of Seven의 작품들과 만났다. 이들의 작품들은 대부분 캐나다 대자연을 묘사한 그림이다.

빛과 그림자 (출처:wikipedia_프랭클린 카 마이클 作)

20세기 초 캐나다의 미술 혁신을 일으킨 이들은 광활한 캐나다의 자연을 가장 아름답고 화려하게 표현한 화가 그룹이다. 이전까지 캐나다의 미술을 지배하던 유럽풍의 시각에서 벗어나 캐나다의 자연을 깔끔하게 표현한 톰 톰슨Tom Thomson(1877~1917)의 영향을 받은 동료 화가들로 더욱 적극적으로 캐나다의 웅장하고 아름다운 자연을 찾으

캐나다 아티스 그룹 오브 세븐 (출처:wikimedia)

려는 열성이 동기가 되어 결성된 그룹이다.

화가는 발리F.H.Varley, 잭슨A.Y.Jackson, 해리스L.Harris, 존스턴F.Johnston, 리스머A.Lismer, 맥도널드J.E.A.MacDonald, 카마이클F.Carmichael들로 캐나다의 곳곳을 여행하면서 대자연의 아름다움을 화폭에 생동감 있게 담았다.

이들의 지역적 특색을 드러낸 화풍은 민족적 성향으로 발전하여 유럽에서 독립한 민족의식의 창조적인 의미가 있다는 평가를 받아 톰 톰슨과 함께 국민 화가로 인정받았다. 1931년의 전시회를 마지막으로 이 그룹은 해산되었고 화가들이 많이 참석하는 '캐나다 화가 그룹'을 결성하는 계기가 되었다.

절규 (출처:wikipedia_에드바르 뭉크 作)

노르웨이 여행 중에도 오슬로 국립미술관, 뭉크 미술관과 베르겐 미술관에서 노르웨이를 대표하는 뭉크의 대표작 '절규'을 비롯한 고갱, 피카소, 모네, 세잔의 당대 유명 화가들의 그림을 볼 수 있었다.

에드바르트 뭉크Edvard Munch(1868~1944)는 초창기 파리에 있는 동안 인상주의의 영향을 받기도 하였다. 그러나 정작 가장 창조력이 왕성했던 1892년부터 16년 동안은 독일 베를린에서 활동하였다.

어린 시절 그는 어머니와 누나가 폐병으로 세상을 떠나 종교적으로 엄격한 아버지 밑에서 홀로 자랐다. 그러한 가정환경의 영향인지는 몰라도 "질병, 광기, 그리고 죽음, 이것이 나의 요람을 지키는 암흑의 천사였다."라고 적고 있는 것을 보면 고통스러웠던 유년 시절을 보낸 것 같다.

요양원에서 우울증 치료를 받기도 하였던 뭉크는 자신의 정신병이 그림을 그리는데 촉매 작용을 했다고 생각하고 있다. 뭉크는 질투, 관능적인 욕망, 고독 같은 극단적인 감정 표현에 특히 능란했다.

뭉크 하면 생각나는 가장 유명한 작품 '절규'는 그가 참을 수 없는 공포심에서 광기를 일으키는 순간을 표현하고 있다. 이러한 작품들은 인간 내면의 감정을 왜곡된 형태와 색채를 통하여 나타내는 독일의 표현주의 화풍에 중요한 영감의 요인이 되어 표현주의의 창시자가 되었다.

스페인 여행 중에는 마드리드에서 5박 6일 있으면서 호텔 가까이 있는 프라도 미술관을 두 번 갔었다. 이곳에서 세계에서 가장 위대한 작품이라고 평가받았던 벨라스케스의 '시녀들'(1656)과 고야의 '카를로스 4세와 그의 가족들'

시녀들 (출처:wikipedia_디에고 벨라스케스 作)

(1800), '누드의 마야'(1796~98)에 관심을 두고 보았다.

벨라스케스Velazquez(1599~1660)의 '시녀들'은 피카소가 44번이나 거듭 모방작을 발표해 이 작품에 경의를 표했다고 한다. 화가는 아랫부분만을 초상화에 할애하고 위의 절반은 빛과 그림자로 채움으로써 보는 이가 실제 공간 속에 있는 듯한 착각을 하게 한다.

고야Goya(1746~1828)는 스페인 카를로스 4세의 궁정 화가로 타락한 왕실을 풍자적으로 그렸다. 왕은 돼지같이 뚱뚱하게, 여인들은 탐욕스럽게, 여왕은 우둔하고 천박하게 표현한 고야의 풍자적 묘사를 무능한 왕가는 알아차리지 못하였다고 한다.

스페인 빌바오에 있는 구겐하임 미술관

스페인 북부 지역의 빌바오Bilbao에 있는 구겐하임 미술관은 근현대 미술관으로 1997년 10월 18일 개관된 것이다. 빌바오는 원래 세계적인 철강, 조선 산업 도시였지만 1970~80년대 철강 산업이 급속한 침체기를 맞아 도시를 재개발하는 프로젝트에 구겐하임 미술관이 포함되어 건축하게 되었다. 이 미술관은 미국의 프랑크 게리Frank Gehry가 설계하였는데 디자인이 예술적이고 특이하여 많은 사람이 찾고 있었다.

20세기 조각의 거장인 루이즈 부르주아Louise bourgeois(1911~2010)의 작품 '거미'가 먼저 눈에 들어왔다.

루이즈 부르주아의 거미

건물 안의 3층까지 이어지는 현대 미술 작품들에 대해서는 감상하기가 난해하였다. 화가들의 의도를 알기 위하여 화가 개인에 대한 지식이 더 필요하다고 생각하며 미술관을 나왔다.

미술관을 나와 빌바오에서 36㎞ 정도 동북쪽의 게르니카Gernika로 향하였다. 이 소도시는 피카소의 그림 게르니카가 있게 한 사건(1937.4.26.)이 일어난 곳이다.

그림 '게르니카'는 값이 없다고 할 정도의 명작인데 1937년 만국박람회 스페인관 벽화로 전시되었다가 오랫동안 미국 뉴욕의 근대 미술관에 소장되어 있었다. 현재는 피카소의 유지에 따라 프라도 미술관(1981)을 거쳐 마드리드 왕립 소피아 미술관(1992)에 소장되어 있다.

소도시 게르니카에는 벽에 벽화식으로 '게르니카'가 그려져 있어 그때 그 사건 현장을 찾는 사람들에게 보여주고 있다. 이 그림은 시

피카소의 게르니카

각보다 청각적 느낌이 강조된 듯 그림을 한동안 바라보면 엄청난 절규, 말의 비명, 불타는 소리가 들리는 듯하다.

네덜란드의 고흐 미술관에는 고흐의 여러 작품이 전시되어 있으며 초상화 '밀짚모자를 쓴 자화상'이 밝게 다가왔다.

국립 박물관에서 렘브란트의 '야경'을 보는 동안 독일 쾰른 발라프리하르츠 미술관에서 본 '말 스틱을 든 자화상'(1668)이 오버랩되어 화가의 말년 모습이 '야경'의 감동적인 느낌과 함께 아련히 마음에 스며들었다.

국가마다 소장하고 있는 화가의 작품을 보고 느낀 것은 19세기까지의 미술 작품은 어느 정도 이해가 되지만 20세기 이후 현대 미술품은 아마추어적 미술 지식을 가지고 있는 나로서는 난해하였다. 화가 개개인에 대하여 좀 더 깊은 연구가 필요하다는 자극을 받았다. 전문 미술가가 아닌 내가 여행 중에 현대 미술관에 들어가기를 주저하고 20세기 이전의 미술품이 전시된 곳으로 향하는 이유이다.

일상생활에서 늘 볼 수 있는 사물이나 자연을 소재로 한 그림은 이해가 되고 감상하기도 편안하여 마음이 따뜻해진다.

여행 중 미술관을 찾는 것은 그림을 통하여 그 시대의 조류와 화가들의 사상과 표현하고자 하는 의도가 무엇인지 그 작품 배경을 배우고 이해하여 감상하는 안목을 높이고자 하는 마음이 있기 때문이다.

여행 중 미술관에서 불후의 명작을 만나는 시간은 나에게 기쁨이고 즐거움이면서 배움의 자극제였다.

로맨틱 가도 따라 중세 도시 여행

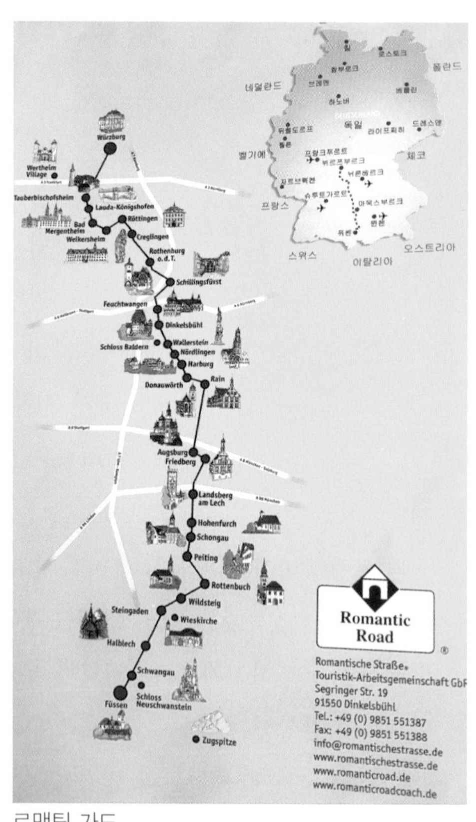

로맨틱 가도

로맨틱 가도Romantische Strasse란 1900년대 독일에서 첫 번째로 시작된 관광 가도이자 세계에서 가장 유명하고 역사가 오래된 가도이다. 독일의 로맨틱 가도를 시작으로 세계 곳곳에 같은 이름의 길이 무수히 생겨났다.

독일의 프라하라고 불리는 고성의 도시이자 고색창연한 중세 매력이 넘치는 와인의 도시 뷔르츠부르크Wurzburg에서 시작하여 노이슈반슈타인성으로 유명하며, 독일의 알프스 가까이 위치한 퓌센Fussen까지 약

440㎞에 이르는 로맨틱 가도는 이름 그대로 독일 소도시의 아기자기하고 아름다운 풍경을 생생하게 볼 수 있고 중세의 흔적을 간직한 26개의 도시와 마을들이 산재해 있다.

원래는 이탈리아와 교역을 위한 '로마로 가는 길'이라는 뜻이었으나 이름과 완벽히 일치하는 '로맨틱'을 주제로 하는 여행지가 되었다.

우리는 렌터카로 스위스를 여행한 후, 독일 퓌센으로 넘어와서 독일의 이 로맨틱 가도를 2주간 남쪽에서 시작하여 북으로 올라가면서 돌아보았다. 퓌센을 시작으로 뮌헨, 로텐부르크, 뷔르츠부르크, 프랑크푸르트, 쾰른의 각 도시에서 2박 3일씩 머물면서 낭만을 품고 있는 로맨틱한 코스를 따라 중세 도시 속으로 들어가 유럽의 문화와 예

노이슈반슈타인 성

술, 역사를 탐방하는 여유로운 여행을 하였다.

퓌센Fussen은 독일의 알프스와 호수, 레히Lech강의 목가적 풍경을 느낄 수 있는 스위스 국경과 인접한 아름다운 도시이다. 이 도시는 로맨틱 가도에서 가장 인기 있는 도시 중 한 곳이다. 미국의 월트 디즈니가 디즈니랜드의 판타지랜드를 건축할 때 모델로 삼았던, 세계에서 가장 유명한 노이슈반슈타인성Schloss Neuschwanstein이 인근에 있다. 나의 버킷리스트 여행지 중 한 곳이다.

노이슈반슈타인성에는 관광객이 많이 몰려들기 때문에 현장에서 입장권을 사기에는 시간이 많이 소요될 것으로 판단하여 3개월 전에 인터넷으로 입장권을 예매하였다.

이 성은 백조의 성이라 불린다. 바이에른 왕국의 루트비히 2세가 17년(1869~1886)간에 걸쳐 건축하였으며 성의 외곽은 고딕과 로마네스크, 비잔틴 등의 양식으로 지었는데 외벽은 흰색과 베이지색 대리석을 사용해 중세의 우아한 멋을 풍기면서 가볍지 않도록 하얀색으로 장식한 것이 특징이다.

루트비히 2세Ludwig 2는 1845년 님펜부르크 궁전에서 태어나 1886년 슈타른 베르크 호수에서 사망하기까지 영화 같은 삶을 살다간 간 비운의 왕이다. 18세의 어린 나이에 즉위했으나 정치에는 관심이 없었고 감수성이 풍부하고 예술적 기질이 뛰어났었다.

작곡가 바그너에 대한 지나친 애정과 재정 지원으로 신망을 잃게 되었으며 성 내부에 걸린 모든 벽화와 그림들이 마치 오페라의 등장인물과 배경을 옮겨놓은 것 같아 바그너의 음악 세계가 살아서 숨 쉬는 듯하다.

거실에는 오페라 '파르치팔'과 '로엔그린'의 배경과 등장인물들이 아름다운 회화로 그려져 있고, 거실에서 외부로 이어지는 통로엔 오페라 '탄호이저', 각방들에 '트리스탄과 이졸데', '니벨룽겐의 반지' 등이 그려져 있어 성 안을 다니면서 루드비히 2세가 얼마나 바그너의 오페라를 좋아하고 사랑했는지 느낄 수 있었다.

그러나 이 아름다운 노이슈반슈타인성에서 루드비히 2세는 6개월도 살지 못하고 정적들에 의해 정신병자로 내몰려 베르크성에 감금되었고 사흘 만에 근처 호수에서 시체로 발견되었다.

바그너는 한 번도 이 성을 방문하지 않았다는 것이 아이러니하다.

호엔슈반가우성Schloss Hohenschwangau은 노이슈반슈타인성과 알프Alpsee 호수가 보이는 언덕에 세워진 신고딕 양식의 노란색 성이다.

루드비히 2세의 아버지인 막스 밀리언 2세가 지은 성(1832~1836)으로 루드비히 2세가 어린 시절 보낸 곳이다. 3층에는 루드비히 2세와 바그너가 함께 연주했다는 피아노가 전시되어 있다.

북쪽에서 시작하여 로맨틱 가도의 종점이 되는 퓌센에 오는 관광객들은 대부분 노이슈바인슈타인성과 호엔슈반가우성을 보기 위하여 오지만 알프스의 자연 경관과 어울려 지어진 몽환적인 성을 돌아보면서 비운의 삶을 마감한 루드비히 2세와 작곡가 바그너의 흔적을 곳곳에서 느끼게 된다.

노이슈반슈타인성의 건설에는 루드비히 2세의 꿈과 바이에른주에 전해 오는 독일의 로엔그린 이야기가 밑바탕에 흐르고 있는데, 바그너가 이 로엔그린 이야기를 작곡하였다.

결혼식장에서 신부 입장 시 등장하는 음악인 일명 '신부 입장곡'인 '딴 따따딴…'은 바그너의 오페라 '로엔그린'에 나오는 '혼례의 합창' 부분이다. 로엔그린의 내용이 불행으로 끝나는 남녀의 사랑으로 전개되는 것인데 결혼식 전용곡으로 사용되고 있는 것이 흥미롭다.

두 성 관람 시에는 한국어 오디오로 설명을 들을 수 있어 이해에 도움이 되었다. 한국인 관광객과 여행자들이 많이 온다는 의미이다.

퓌센을 여행하면서 아름다운 자연 속에 갇힌 신비의 성을 돌아보며 알게 되는 예술, 역사 이야기가 내 가슴 안으로 아련한 느낌으로 다가왔다.

뮌헨의 레지덴츠

퓌센에서 이동하여 133㎞ 동쪽에 있는 바이에른주의 주도인 뮌헨에서 2박 3일간 머물며 세계 최대의 맥주 축제인 '옥토버 페스티벌 Oktober Fest'이 열리는 현장과 세계 최고의 자동차 BMW 본사, BMW 벨트, 옛 바이에른 왕국의 궁전이었던 레지덴츠Residenz Munchen 등을 돌아보며 다녔다.

때마침 일요일이 끼어서 피나코 테크Pinakothek를 비롯한 주요 미술관을 1유로에 입장이 가능하여 운 좋게 하루를 미술관과 박물관을 돌아보고 다니는 여유로운 시간을 가지면서 문화, 역사, 예술에 관심을 가지고 여행하게 되었다.

뮌헨을 출발해 본격적인 로맨틱 가도 여행길에 올라 이곳에서 80㎞ 서북쪽의 아우크스부르크Augusburg로 향하였다.

이 도시는 독일에서 가장 역사가 오래된 도시로 로마 제국 아우구스투수 황제 때 이곳이 로마군단 주둔지가 되면서 도시가 만들어졌고, 황제의 이름에서 따온 도시 이름에서 알 수 있듯이 당시 로마와 이 도시를 이었던 가도가 아직도 막시밀리안 거리라는 이름으로 남아 있다.

특이한 것은 세계에서 가장 오래된 복지 시설인 푸거라이Fuggerei이다.

1516년 아우구스부르크의 거상이며 금융업자였던 야곱 푸거는 자신의 형제들과 함께 빈민과 장애인을 위한 주거지를 만들어 아주 저렴하게 개인 주택을 제공하고 그곳에서 생활할 수 있도록 15,000평의 대지에 67개의 건물 단지를 만들고 147개의 생활공간과 교회, 우물 등 생활 시설이 갖추어져 있는 종합 복지 시설을 형성한 것이다. 여행 중 만나는 예기치 않은 사회 소외 계층을 위한 중세 복지 시설은 따뜻하게 마음에 닿았다.

도나우 베르트Donauwarth는 도나우강에 접한 인구 1만 명의 자그마한 마을로 중세풍의 흔적이 남아 있는 성벽과 교회들이 곳곳에 흩어져 있었다. 우리는 도나우강을 따라 난 길을 산책하면서 중세의 기운을 느끼며 여행 중 여유를 만끽하기도 하였다.

뇌르틀링겐Nordlingen은 1,500만 년 전 1.5㎞가 넘는 거대한 운석이 떨어져 생긴 리스 분지 위에 자리한 중세 원형 도시이다.

뇌르틀링겐 중세성곽도시

이 도시는 14세기에 조성되었으며 마을 전체가 둥글게 둘러싼 성곽과 오렌지빛 지붕으로 뒤덮여 있다.

여행자인 나는 성곽을 따라 걸으며 마을 풍경을 보면서 중세를 향한 한없는 상상의 날개를 펼쳐보았다. 북적이는 관광지에서 벗어난 평화롭고 고즈넉한 중세 마을 여행은 나만의 넉넉한 시간을 갖게 해 주었다.

딩켈스뷜Dinkelsbuhl은 뇌르틀링겐에서 32㎞ 북쪽에 위치하고 있으며 로맨틱 가도의 도시 중 중세의 모습을 가장 잘 보존한 도시로 중세의 성곽이 거의 온전히 남아 있고 성 안팎으로 그림 같은 풍경이 마음을 사로잡았다. 30년 전쟁과 제2차 세계대전 중에도 피해를 받지 않아서인지 400년을 훨씬 넘은 전통 가옥들이 골목골목 자리 잡고 있어 동화 마을 같은 느낌이었다.

딩켈스뷜 중세도시

이 도시는 천연색으로만 집을 칠하고 간판 글씨체는 로만 고딕체로, 창문은 두 가지 색상만 사용하는 규제를 스스로 만들어 잘 지켜온 까닭에 도시 원형을 그대로 보존하고 있었다. 역사성 있는 마을을 보존하기 위해서는 주민들 모두의 뜻과 스스로 지키겠다는 의지가 중요하다는 것을 이 도시를 돌아보며 많이 느꼈다.

로텐부르크Rothenburg는 딩켈스뷜에서 49㎞ 북쪽에 위치해 있는 도시이며 로맨틱 가도의 하이라이트로 유럽의 아기자기한 아름다운 동화 마을 모습을 그대로 보여주는 바이에른의 대표적인 소도시이다. 정식 명칭은 로텐부르크 오프 테에 타우버Rothenburgob der Tauber(타우버

로텐부르크

강 위의 로텐부르크)로 인구는 15만 명의 작은 소도시이지만 연간 100만 명 이상의 여행자가 찾는 독일 최고의 여행지 중 하나이다.

중세의 모습이 거의 그대로 남아 있어 '중세의 보석'이라 부르며 고딕 양식과 르네상스 양식의 건물이 구시가지의 골목골목에 옹기종기 모여 있어 중세 시대에 들어온 듯한 착각을 하게 하였다.

오랜 역사만큼 많은 전설과 실화가 곳곳에 숨겨져 있는 마법 같은 도시이다. 우리는 이 도시 중앙에 있는 호텔에서 2박 3일간 머물면서 여유롭게 중세의 분위기가 배어 있는 여러 곳을 돌아다녔다.

성 야곱 교회는 로텐부르크의 상징적 교회로 1485년 완공된 고딕 양식의 루터교 교회로 틸만 리엔 슈나이더 작 '거룩한 피의 제단'을 보기 위해 순례자들이 많이 방문하고 있었다.

슈나이더 작품 거룩한 피의 제단

'최후의 만찬'을 묘사한 이 작품에서 예수로부터 빵을 받은 유다의 모습이 생생히 조각되어 있고 상단 십자가 중앙의 수정 안에는 예수님의 피가 들어있다고 한다.

플린라인&지버스 탑Plonlein & Siebersturm은 중세 동화 마을 풍경을 그대로 보여주는 로텐부르크에서도 가장 아름다운 작은 골목으로 엽서에 자주 등장하는 명소이다.

캐테 볼파르트Kathe Wohlfahrt는 산타클로스도 이 매장에서 쇼핑한다는 세계적 규모의 크리스마스 전문 숍의 본점으로 상점 안 곳곳에 크리스마스 관련 기념품들이 가득하였다. 우리는 이곳에서 자녀, 손주들을 위한 쇼핑을 기분 좋게 하며 다녔다.

로텐부르크에서는 온전히 보존된 중세 건물과 성곽을 보고 다니면서 중세 시대는 어떠한 역사적 사건들이 있었는지를 깊이 알고 싶음이 나를 자극하고 있었다. 여행을 통해 얻는 앎의 자극제였다.

크레글링겐Creglingen은 로텐부르크에서 19㎞ 북쪽의 조용한 전원 마을로 이곳에서 유명한 것은 헤르고트 교회에 있는 '성모마리아의 승천'이라는 조각이다. 섬세하면서도 심오한 내면 세계를 표현하고 있는 이 작품은 독일인들의 심적 세계를 상징적으로 잘 나타낸 것이라고 한다.

바트 메르겐트하임Bad Mergentheim은 크레글링겐에서 25㎞ 북쪽의 아름다운 타우버 계곡 사이에 있는 유럽에서 유명한 온천 휴양지이다. 이날은 비가 종일 내리고 있어 조금은 울적한 마음으로 돌아다녔다.

뷔르츠부르크

마을 전체가 한가하고 평온한 분위기이며 중심이 되는 시설은 마을 동쪽의 언덕 위에 있는 솔리마르Solymar로 치료용 온수 풀장과 사우나 일광 욕실 등 다양한 시설을 갖추고 있었다.

뷔르츠부르크Wurzburg는 바트 메르겐트하임에서 43㎞ 북쪽 마인강 중류의 로맨틱 가도가 시작되는 북쪽 기점이면서 종점으로 기원전 1000년부터 켈트족이 살았다고 하며 오래전부터 주교가 직접 다스려 종교나 문화, 산업이 균형 있게 발전해온 도시로 역사적 건물들도 많이 있었다.

프랑케 와인을 마시며

주요 관광지가 반경 1.5㎞ 내에 모여 있어 우리는 이곳에서 2박 3일간 머물면서 트램을 타기도 하고, 걸으며 중세와 현대의 모습이 잘 어우러진 구시가지와 도시의 상징인 마리엔 바르크 요새 등 기풍 넘치는 다양한 볼거리를 느리게 여유로운 마음으로 즐기며 다녔다. 인구 약 16만 명의 이 도시는 독일에서 가장 유명한 화이트 와인인 프랑케 와인의 주산지다운 낭만과 풍요로움을 느끼게 하였다.

도시 안에는 중세의 그리스도교의 영향을 받은 교회와 성당이 아름답게 자리 잡고 있었다. 이들 성당과 교회의 입장료가 무료이기 때문에 우리는 성당 내외부를 상세히 보며 다녔다.

이 성당과 교회들은 AD 689년, 이곳에서 순교한 세 명의 성인인

노이뮌스터의 3성인(킬리안, 콜로나트, 토트난)

성 킬리안, 성 콜로나트, 성 토트난을 기리기 위해 세워져 있어서 이곳을 드나드니 성지 순례 온 느낌이 들었다.

이 도시의 대표적인 것은 레지덴츠Residenz와 마리엔 베르크 요새Festung Marienberg이다.

레지덴츠는 1981년 유네스코 세계 문화 유산으로 등재된 궁정으로 바로크 건축의 최고 걸작으로 꼽힌다. 1720년 당시 마리엔 베르크 요새에 살던 주교가 지낼 새 궁전을 짓기 시작해 1744년에 완성하였다. 당대의 수많은 건축가와 예술가들의 예술혼이 집대성되었고 나폴레옹은 유럽에서 가장 아름다운 주교의 궁정이라고 평했다고 한다.

뷔르츠부르크에 있는 레지덴츠

레지덴츠 천장 의 프레스코화

2차 세계대전 시 폭격으로 완전 파괴되었던 것을 1980년대 말까지 심혈을 기울이어 복구하였다고 하며 궁전 계단 위 천장에는 약 600㎡의 세계 최대 규모의 프레스코화가 그려져 있어 우리의 마음을 사로잡았다.

마리엔 베르크 요새Festung Marienberg는 마인강변 언덕에 자리 잡고 있으며 레지덴츠 궁선이 건축되기 전까지 주교가 미물렀던 이 도시의 상징 같은 곳이다.

원래 켈트족의 궁전이었던 언덕에 교회가 들어서고(AD 704) 13세기경부터 요새의 형태를 갖추어 확장과 보수를 하면서 르네상스와 바로크 양식이 추가되었다.

이 성을 오르는데 40여 분 소요되는 다소 힘든 여정이었지만 뷔르츠부르크 시내와 포도밭의 그림 같은 풍경이 마인강과 조화를 이루며 한눈에 들어와 힘들게 올라온 보람이 있었다.

중세의 많은 궁전과 건축물들이 언덕 위에 지어지거나 성벽을 쌓아 외부의 침략으로부터 보호하려고 하였던 흔적들이 로맨틱 가도 여행길의 도시마다 특징 있게 나타났다.

전망이 좋고 도시 방어에는 도움이 되겠지만 생활 편의 면에서는

마리엔 베르크 요새를 배경으로

어려움이 많았겠다고 생각하며 역사 현장을 걸어 다녔다.

독일의 로맨틱 가도에서 만난 중세의 도시 모습들은 나를 낭만적인 중세시대로 이끌어가고 있었다. 중세에 대한 호기심은 역사 배움의 길로 인도해주니 이곳 여행은 활기차고 젊게 살아가도록 이끌어주는 여정이었다. 여행이 끝나고 다시 나의 자리로 돌아왔으나 여행기를 쓰고 사진을 정리하다 보니 여행은 아직도 계속되고 있었다. 중세 시대로.

가난이
복이기도 하다

독일의 아우크스부르크의 푸거라이Fuggerei는 세계에서 가장 오래된 복지 시설이다. 푸거가家가 가난한 사람들을 위하여 아주 저렴하게 개인 주택을 제공하고 그곳에서 생활할 수 있도록 하였다. 어릴 때

독일 아우크스부르크의 푸거라이

여기에서 자란 사람들이 성공하여 국가에 기여하기도 하였다고 한다.

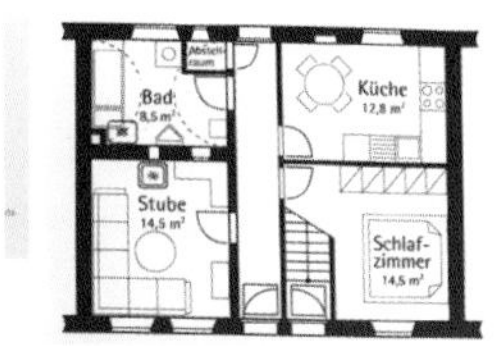

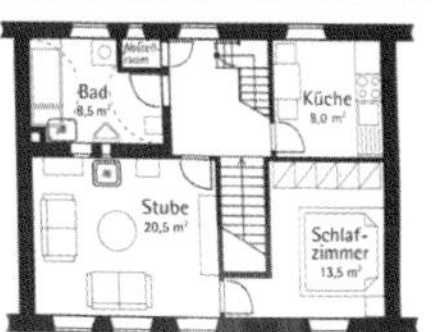

아우크스부르크를 여행하면서 이 복지 시설을 돌아보고 어릴 때 가난하게 살아왔던 시절이 회상되었다. 우리 세대는 자랄 때 대부분 가난에 찌들어 살았다. 6·25 전쟁을 겪었던 당시에는 주변에서 하루에 한 끼 굶는 것은 보통이고 호박을 밀가루에 섞어 설탕 대신 사카린을 넣어 쑨 죽으로 끼니를 대신하였고, 버터 대신 마가린을

한국전쟁시 피난행렬

먹는 생활상을 흔히 볼 수 있었다. 나라가 가난하여 제대로 된 복지 시설 하나 없었다. 산업 시설이 별로 없어 취업이 어려워서 가정마다 가난을 그대로 받아들이고 하루하루를 어렵게 연명하며 살았다.

중학교에 다니면서는 학비를 납기에 내지 못하여 수업 도중 집으로 쫓겨나기도 하였다. 고등학교 때부터는 학비가 들지 않는 국비 고등학교, 사관학교를 선택한 것이 나에게는 공부할 수 있는 최상의 길이었다.

군 생활하면서는 여기가 나의 평생직장이라는 마음으로 최선을 다하였다. 요즈음같이 자기 적성이나 눈높이에 맞는 직장을 찾으러 다닐 마음의 여유가 없었다.

현직에 최선을 다하며 평생직장이라고 생각하고 웬만한 어려움은 받아들이고 겪어가면서 지내다 보니 내 적성에 맞는 것 같았다. 적성이 맞아 즐거운 마음으로 근무하게 되고 업무도 자발적으로 수행하다 보니 창의적인 아이디어가 떠올라 성과를 거두기도 하였다. 이로 인하여 좋은 평가를 받고 운도 좋아 승진하게 되었다.

나에게 가난은 나이에 비해 조숙하게 자립정신을 갖게 하였다. 스스로 자기 길을 선택하여 자발적으로 최선을 다해 자기만족, 자아실현을 하게 된 셈이다. "젊어서 고생은 사서도 한다."는 속담의 의미를 알 것 같다.

빈곤 때문에 탐욕의 유혹에 빠질 수도 있다. 그러나 자기 수양을 통하여 이런 유혹에서 벗어나니 작은 것에도 감사하는 마음을 갖게 해주었다. 4년간 아침 점호 시마다 국가, 희생, 명예, 정의, 험난한

전쟁시 가난에 찌들린 우리세대

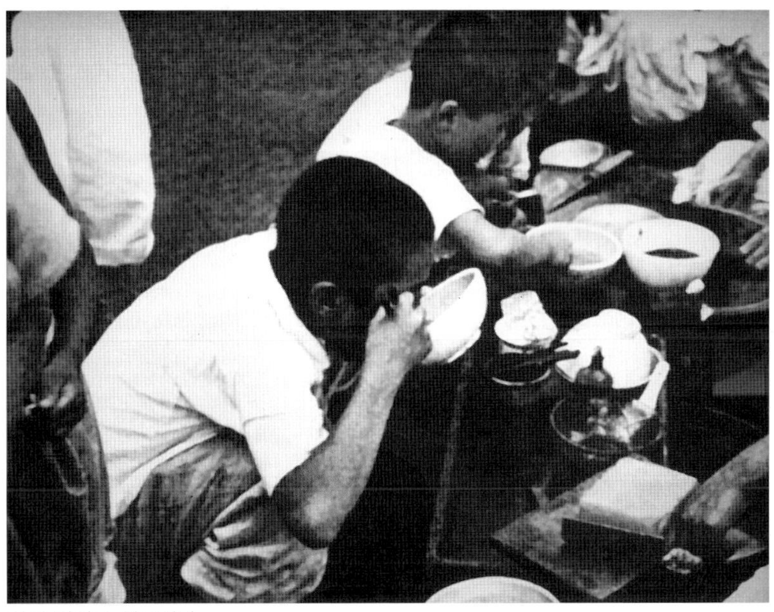
한끼 먹기도 힘들었다.

길의 선택을 외쳤던 그 외침이 의식화를 뛰어넘어 체질화되어간 것 같다.

사회에서는 통상적으로 행하는 불의의 일이지만 내 마음의 양심은 그 작은 불의의 행함도 가책으로 받아들여졌다. 이런 마음이 비난받을 수 있는 큰 유혹으로부터 나를 보호해주었다.

오히려 빈곤했던 어릴 적의 삶은 작은 것에도 감사하는 마음을 갖게 해주었다. 큰 욕심 내지 않고 작은 것에도 감사하는 마음, 어렵고 약한 자를 이해하고 따뜻한 마음으로 배려할 수 있는 마음, 작은 가짐에도 풍족하게 생각하는 마음, 재래식 시장을 아내와 같이 장보고 다니면서 느껴지는 동질적인 아늑한 마음이 오유지족吾唯知足의 삶을 살아가게 하였다.

마음의 부자가 진정한 부자라는 말이 가슴에 와 닿는다. 가난하게 살아온 삶에 익숙해지면서 터득한 유익한 경험과 의식이 내면에 쌓여있기 때문이 아니겠는가?

여유롭고 풍요롭게 살아가는 현대 젊은이들이 흔히 말하는 직업에 대한 인식인 "Do what you love, Love what you do.(좋아하는 일을 하고, 하는 일을 좋아하라)"가 아니라 "Love what you do, Let Love what you do.(하는 일을 좋아하고, 그 일을 좋아하도록 하라)"가 될 수는 없는가?

우리 세대들은 직장 선택이 아니라 직장 구걸이었다. 생존을 위해 일한다는 것만으로 만족했으니 맡은 일 자체가 좋아하는 일이 되는 직업관을 가지고 있었다.

자유분방하고 직업이 다양한 글로벌 시대를 사는 현대인들에게는 맞지 않을 수도 있다. 그러나 전쟁을 겪으며 가난하게 살았던 그 당시에는 직업 선택의 폭과 여유가 별로 없었기 때문에 평생직장 개념을 자랑으로 여겼다.

나는 군 생활 38년을 마감하면서 군이 나에게 준 가치와 의미를 여섯 가지로 정리하여 전역사에 담았다. 요약하면 군은,

- 저에게 인간적인 인격을 다듬어 주었다.
- 젊음을 주었다.
- 작은 것에 만족하는 겸손한 삶을 가르쳐 주었다.
- 낭만과 멋을 가르쳐 주었다.
- 고통 속에서 인내하는 힘을 주었다.
- 사私보다는 공公을 가르쳐 주었다.

자기가 몸담았던 조직은 오늘의 자기를 있게 한 주체라고 생각하면서 군에 대한 고마움으로 이 글을 썼다. 전역식장에 참석하였던 국립 대학 총장이 군을 떠나면서 조직에 대한 사랑이 마음에 와 닿는다면서 전역사를 복사하여 주기를 원하여 전해주기도 하였다.

요즈음 젊은이들이 꼰대라고 하는 나이 팔십 가까이 살아온 사람의 직업관이다. 직업은 자기가 좋아하는 직업을 선택하는 것이 최상이겠지만 일단 정했으면 하는 일을 좋아할 수는 없는 것일까? 적성과 갈등을 슬기롭게 해결할 수 있는 지혜가 필요하다.

가난은 나에게 자족하는 마음, 작은 것에도 감사하는 마음, 조그마한 것도 풍요로워하는 마음을 갖게 가르쳐 준 스승이었으니 가난이 복이었다는 생각이 든다.

사람의 인성과 성품은 유년기에 형성된다고 한다. 한국 전쟁이 끝난 직후 초등학교 때부터 한밤중에 동네 친구들과 공터에 모여서 가지고 놀 것이 없어 꽤 멀리 경사진 언덕을 넘어 돌아오는 밤중 마라톤을 하며 지냈다. 골목대장 놀이도 하면서 두 편으로 나누어 돌 던지며 실전 같은 전쟁놀이도 하였다. 이러한 어릴 때의 외적 활동이 오늘날 나의 체력을 강건하게 하고 부딪치며 치열하게 살아온 힘이 되기도 한 것 같다.

부자 아이들은 약골로 여기고 개의치 않았다. 빈곤한 아이들이지만 마음만은 대장이었다. 전쟁 속에서 가난하게 살아온 우리 세대의 자라온 한 모습이다.

전쟁을 겪으며 부모님은 2남 3녀의 자식들에게 재산을 물려주지

빈곤속에서도 당당한 어린시절

못하였으나 삶의 끈기, 강인한 정신과 건강은 대물림을 해주셨다. 자식과 이웃에 헌신적이었고 신앙심이 깊으셨던 어머님은 99세까지 사시고 2020년 4월에 소천하셨다.

전쟁놀이 중 포로가 된 아이들은 즉석 재판도 하여 풀어주고 아량도 베풀었다. 전쟁놀이의 결과가 지휘관 역할을 한 셈이다. 가난이 활달하고 대담한 마음을 갖게 한 것이다. 가난한 마을 아이들의 당시 놀이 문화였다.

가난은 나를 강건하게 단련하였다. 도전과 아량의 마음도 유년 시절에 형성된 것이다. 80세가 되어 60년이라는 2세대가 지난 10대 때의 회상이다.

만나는 사람마다 지금은 시대가 다르다고 한다.

전쟁직후 우리의 집들

어느 정도까지는 보살펴 주고 경쟁력을 갖추어 주어야 한다고 한다. 염려 아닌 염려를 하는 것은 아닌가 생각하면서도 나 역시 마음이 약해져서 손자, 손녀들이 커가는 데 도와줄 것이 있는가 살핀다.

반세기도 더 지난, 가난하게 살아왔던 유년 시절이 아름다운 추억으로 다가오는 것은 현재 그런대로 만족한 삶을 살아가고 있기 때문이리라. 과거의 가난이 아름다운 추억으로 남겨지기 위해서도 현재의 삶에 최선을 다하여 나름대로 만족한 삶을 살았다고 자기 스스로 평가를 할 수 있어야 하는 것 같다. 현재의 삶에 충실해야 할 이유이다. 가난이 복이 되어 살아온 삶의 회상이다.

라인강 고성 따라 낭만 여행

라인강은 스위스 알프스 산속에서 발원하여 네덜란드 로테르담을 거쳐 북해로 흘러들어 가는 장장 1,320㎞에 달하는 강으로 이 가운데 절반 정도인 약 700㎞가 독일에 속해있다. 독일인들에게 라인강이 주는 의미는 각별하다. 제2차 세계대전으로 폐허가 된 나라를 부흥시킨 동맥이자 젖줄인 라인강이기에 독일은 라인강의 기적을 이룬 나라라고 부른다.

라인강의 로맨틱 라인 고성들

중세 이후 역사와 전설이 얽힌 아름다운 소도시와 고성이 라인강을 따라 산 중턱 곳곳에 자리 잡고 있어 이 길을 따라 렌터카로 여행하는 나는 이 경관을 바라보는 것만으로도 호기심을 끄는 낭만적인 여행이 되었다. 고풍스러운 색다른 모습의 이 성 경관들은 여행길의 우리를 계속 멈추게 하고 차에서 내려 걸어 올라오도록 유혹하고 있었다.

라인강 여행의 백미는 뤼데스하임Rudesheim에서 코블렌츠Koblenz 구간이다. 이 길은 일명 로맨틱 라인Romantic Rhein이라 부르며 40여 개의 고성과 요새가 밀집해 있다. 굽이치며 흐르는 라인강과 가파른 경사면을 따라 펼쳐지는 포도밭이 어우러져 아름다운 자연 경관으로 눈과 가슴으로 다가왔다. 일대는 백포도주 산지로 유명하며 리슬링Riesling 와인이 제일 알려져 있다.

이 지역 고성들은 대부분 중세 시대에 건립되었는데 주로 군사 요충지로 세워졌으며 외적의 공격으로부터 방어하는 한편 라인강

을 항해하는 배에서 통행세를 걷는 용도로 사용되었다고 한다. 성들이 언덕 위에 세워진 것은 이러한 전략적인 이유였다. 30년 전쟁(1617~1648)과 팔츠계승 전쟁(1689~1697)을 거치면서 성들이 많이 파괴되었고 이후 나폴레옹 군대에 의해 다시 파괴되었다.

19세기에 들어서면서 네오고딕 양식으로 대대적인 개조가 이루어져 새롭게 만들어졌으며 2002년 유네스코에 의해 세계 문화유산으로 지정되면서 독일의 대표적인 관광지가 되어 현재는 많은 관광객들이 라인강을 누비며 다니고 있다.

우리는 유유히 흐르는 라인강 변을 따라 쉬엄쉬엄 여유를 갖고 렌터카에서 내려 고성 몇 군데를 등산하듯 땀 흘려 올라가 보면서 강을 따라 내려갔다.

• 라인슈타인성Burg Rheinstein은 1316~1317년경 지어졌으며 왕후의 여름 별장이었다고 한다. 위치상 전략적으로 매우 중요한 성이었지만 1344년부터 쇠퇴하기 시작하였고, 팔라티노 전쟁으로 성은 황폐해졌지만 19세기 낭만주의 시대에 들어와 프로이센의 왕자 '프레드릭'이 성을 사들여 재건하였다고 한다.

14세기의 네오고딕 양식과 스테인드글라스 벽화가 아름다운 성으로 현재는 호텔로 개조하여 사용하고 있었다. 밤에 조명을 받으면 무척 아름답다고 하는데 우리는 낮에 경사진 길을 따라 땀 흘려가며 올라가 성 위에 서서 유유히 흐르는 라인강을 무념무상의 마음으로 한동안 바라만 보았다.

• 라이헨슈타인성Burg Rheichenstein은 11세기경 지어졌으나 1282년에

라인슈타인 성

라이헨슈타인 성

파괴되었다가 1834년 프란츠 빌헬름 폰 바르푸스 장군이 이 일대를 사서 거주용 시설로 바꾸었다. 1899년부터 1902년까지 대대적인 개조가 이루어져 신고딕 양식으로 구조와 외양이 크게 바뀌었다. 이중 고리 모양의 벽이 직각 모양의 성내 거주 시설과 안뜰을 감싸고 있는 형태이다.

15세기에 라인강 쪽에 2개의 탑이 추가로 건설되었다. 오늘날에도 두께 6m, 높이 16m나 되는 거대한 벽을 부분적으로 볼 수 있다. 현재 성의 일부가 호텔로 사용되고 있어 여행객들은 정원 레스토랑에서 라인강을 바라보며 식사를 즐기고 있었다.

• 팔츠그라펜슈타인성Burg Pfalzgrafenstein은 라인강의 작은 섬에 세워

팔츠그라펜슈타인 성

져 이곳을 통과하는 선박들의 통행세를 받는 세관 역할을 한 곳이다. 1326년에 지어졌으며 17~18세기에 증축 보수하여 현재의 아름다운 모습이 되었다. 현재는 관광객에게만 개방하고 있다. 먼 곳에서 보면 강가에 배가 떠 있는 것처럼 보이는 특이한 경관을 자랑하며 이 일대에서 가장 아름다운 곳으로 꼽힌다.

지붕이 있는 배 모양으로 창이 벽에서 밖으로 돌출되어 있어 우리나라 남한산성과 수원성의 치雉같이 좌우 방향에서 접근하는 적을 방어하기 좋게 설계되어 있었다. 17~18세기에 오각형 탑을 둘러싼 긴 육각형의 방어벽과 북쪽 출입구 쪽에 내리닫이 격자문을 설치하였고, 1970년경에 붉은색과 흰색의 페인트로 칠해 현재의 모습을 갖춘 것이다.

• 마르크스성Marksburg은 12~14세기 때 축성된 난공불락의 성으로 유명하며 라인강 유역의 여러 성 중에 중세의 모습을 가장 완벽하게 갖추고 있다. 특히 프랑스군이 침략했을 때 다른 성은 다 함락하였으나 이성만은 함락시키지 못했다고 한다. 내부 박물관에는 당시의 무기와 고문 형구들을 전시하고 있었다.

• 에렌브라이트슈타인 요새Festung Ehrenbreistein는 라인강과 모젤강이 만나는 코블렌츠 지역의 라인강변 언덕 118m 고지에 자리 잡고 있어 지리적 요건으로 요새의 역할을 충실히 해온 성이다. 트리어의 선제후에 의해 군사 요새로 지어졌고 기원전부터 고대 로마의 군사 기지로 사용된 것으로 추정된다고 한다.

마르크스 성

에렌브라이트슈타인 요새

로렐라이

1801년 프랑스군에 의해 요새 일부가 파괴되어 1817~1828년에 복구되었다고 하는데 역사적으로 성이 함락당한 적이 한 번도 없었다고 한다. 현재는 박물관과 유스호스텔로 사용되고 있다.

• 로렐라이Lorelei는 하이네의 시 '로렐라이 언덕'으로 유명하며 라인강의 얼굴과 같은 곳이다. 미모의 여인이 멋진 노래로 사공을 유혹해 결국은 물에 빠뜨려 죽음에 이르게 한다는 로렐라이 전설답게 이곳은 실제로 배가 운항하는데 무척 까다로운 난코스로 알려져 있다. 강폭이 90m로 좁아지면서 물결이 소용돌이치기 때문인데 바로 그곳에

라인강의 마을

132m로 우뚝 솟은 바위산 로렐라이가 있다.

장크트 고아르하우젠에서 로렐라이까지 도로가 있어 우리는 산 정상까지 차로 올라가 유유히 흐르는 라인강의 장대한 파노라마를 바라보며 이 일대를 돌아다녔다. 이 라인강을 따라서 뤼데하임을 비롯하여 바하라흐Bacharach, 장크트 고아르St. Goar, 장크트 고아르 하우젠St. Goarshausen, 오버베젤Oberwesel 등 아담하고 작은 마을들이 자리 잡고 있다.

이 마을들 주변 경사진 언덕마다 가득한 포도나무들을 볼 수 있었는데 이곳에 포도를 심고 본격적인 와인을 생산하였던 역사는 로마인들이 이 지역에 식민지를 건설했던 이천 년 전부터라고 한다. 수도원이나 와인 업자들은 추운 독일에서도 잘 자라는 리슬링 품종을 택했고 일조량을 늘리기 위해 강가 경사를 그대로 살려 계단 형이나 테라스식으로 포도 농장을 형성하였다고 한다.

독일의 포도 농장 대부분이 강을 끼고 있는 것은 강물에 비친 반사광을 최대한 포도 잎사귀에 쬐어 태양의 빛 향기를 가득 담으려는 지혜이자 노력이었다. 독일 특유의 음산한 날씨 속에 주인을 잃은 듯한

라인강 경사진 언덕의 포도밭

고성들이 나의 호기심을 자극하여 중세의 역사 속으로 이끌어 가며 궁금증을 더해 주고 있었다.

지역마다 고성의 특징이나 시대적 축성의 배경이 다르겠지만 강 위에 떠 있는 작은 섬이나 강가 낮은 언덕에 자리 잡은 성채들은 대부분 마을마다 통행세를 받기 위하여 경쟁적으로 세운 것이라고 하는데 이 지역 라인강을 통과하면서 상인들은 얼마나 많은 통행세를 내야만 했을까?

이 성들은 8세기에서 13세기까지는 교회나 교단에 맡겨진 채 관리된 곳도 많았고 마인츠 대주교는 몇 채의 성을 관리하며 별장, 또는 전쟁 대피 장소로 사용했다고 하는데 저 언덕에 경쟁적으로 성을 쌓기 위하여 얼마나 많은 인력이 동원되어 피와 땀과 생명을 희생시켜 돌을 옮기고 바벨탑을 쌓은 것인가?

기독교 사상이 지배하였던 1000년의 중세 시대를 그대로 간직한 마을과 고성을 바라보고 있으니 시간이 멈춘 듯한 느낌이다. 라인강을 따라 관광객을 태운 유람선이 강을 거슬러 올라가며 로렐라이 노래를 들려주고 있었다. 강과 고성, 마을, 포도밭이 어울려진 이색적 경관을 바라보며 관광객들은 보고 즐기는 낭만적인 여행 분위기에 젖어있는 듯하다.

수많은 피땀이 담겨있는 고성의 역사를 아는지 모르는지, 그 역사 현장에 와있으니 나는 중세 시대에 서 있는 것이다.

독일의 로맨틱 라인Romantic Rhein 여행은 나를 과거로 돌려놓는 역사 배우기였다.

갈림길 선택에서
그려지는 자화상

이번 여정의 마지막으로 독일에서 가장 오래된 유서 깊은 도시 쾰른Koln에서 2일 동안 머물며 역사적인 흔적이 서려 있는 곳을 찾아다녔다.

쾰른은 서기 50년 로마 제국이 라인강 유역에 건설한 도시다. 쾰른이란 도시명은 로마 제국의 식민지라는 뜻의 '콜로니아Colonia'에서 유래됐다고 한다. 도시 한 중앙에 자리 잡은 하늘을 찌를 듯한 첨탑이 서 있는 쾰른 대성당은 바라보는 이들에게 성스러운 그 어떤 힘에 압도되는 강력한 느낌을 준다. 고딕 양식 교회로는 스페인 세비야 대성당과 이탈리아 밀라노 대성당에 이어 세계에서 세 번째로 큰 교회이다.

630년이 넘는 공사 기간을 거친 쾰른 대성당은 2차 세계대전 당시 연합군이 이 성당만은 피하여 대폭격을 했다고 한다. 그 때문에 연기에 검게 그을린 흔적이 벽면에 그대로 남아 있으며 아직도 주기적으로 그을린 벽면을 세척하고 있다고 한다. 1996년에 유네스코 세계문화유산으로 등록되어 그 위용을 과시하고 있었다.

쾰른 대성당

쾰른 대성당앞 식당에서

대성당 정면이 잘 보이는 야외 식당에는 관광객들이 식사를 많이 하고 있었다. 우리도 자리를 잡고 앉아 위압감을 느끼게 하는 하늘 높이 솟아있는 첨탑과 그곳을 드나드는 세계 각국에서 모여든 여행자들의 다양하고 흥미로운 제스처를 바라보며 식사를 하였다.

식사 후에는 대성당 안으로 들어가 서양에서 가장 오래된 대형 나무 십자가인 게로의 십자가와 금 세공술이 뛰어난 동방박사 3인의 성궤 등에 감탄하며 숙연한 마음으로 보며 다녔다.

불빛에 비친 건물의 아름다운 야경을 보기 위하여 밤에 호텔에서 15분을 걸어와 대성당의 또 다른 모습을 보기도 하였다.

쾰른에는 많은 미술관과 박물관이 있는데 나는 빌라프 리하르츠 미술관Wallraf-richartz Museum에 들어가서 렘브란트가 죽기 1년 전(1668) 그렸다고 하는 '말 스틱을 든 자화상'을 보고 한동안 상념에 젖어 말없이 서 있었다.

대성당의 야경

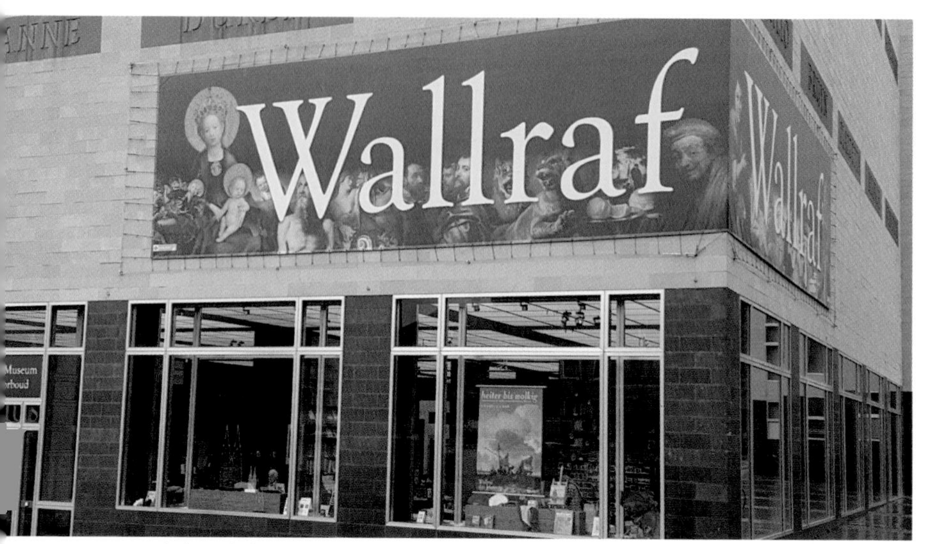

빌라프 리하르츠 미술관

17세기에 레오나르도 다빈치와 함께 유럽을 대표하는 렘브란트가 생애 마지막 남긴 자화상이 뜻하는 것이 무엇일까?

부와 명예를 누리고 간 자리에 골 깊은 주름만 남은 노인의 알 수 없는 미소가 많은 생각을 하게 하였다.

제우크시스의 모습을 한 자화상
(출처:wikipedia_렘브란트 반 레인 作)

사람은 누구나 스스로 자화상을 그려가며 살고 있다. 삶을 살아가며 갈림길을 만날 때마다 판단하고 선택하면서 그 길을 걸어 오늘의 내가 있는 것이 아니겠는가?

나 자신의 삶을 돌아보게 하였다. 나 역시 크고 작은 수많은 갈림길에서 고민하고 선택하며 살아온 삶이었다.

2017년 여행 지역을 선정하기 위하여 고심을 많이 했다. 최초에는 멕시코, 쿠바와 중남미 지역을 여행하기로 정하고 자료를 수집하여 여행 계획을 세웠는데 렌터카 예약 과정에서 이 지역은 렌터카 차로는 국경선을 넘어갈 수 없다는 것을 알게 되었다.

그대로 강행할 것인가, 포기하고 다른 지역을 선택할 것인가? 국가마다 항공기로 이동하고 그 국가에서 차량을 렌트하여 여행한다는 것은 번잡하기도 하고 치안에 대한 확신도 없었다. 그래서 며칠간 고민하다가 세계 지도를 펴 놓고 자세히 들여다보니 여행할 만한 지역에서 빠진 지역이 있었다. 스위스와 독일이었다.

스위스는 2001년 4월 서부 유럽 패키지여행 때 다녀왔다. 인터라켄에서 하루를 자고 융프라우를 보기 위하여 올라갔다. 그날은 많은 눈이 내려 산악 열차로 융프라우요흐는 갔으나 눈 속에 파묻혀 아무것도 보지 못하고 내려와 여행 일정에 따라 버스를 타고 오스트리아에서 1박 후 이탈리아를 주로 관광하였다.

독일은 프랑크푸르트에서 잠시 하이델베르크까지 갔다 온 기억만 있다. 3일간 고심 끝에 중남미 여행을 다음으로 미루고 스위스와 독일 지역을 여행하기로 계획을 변경하였다. 스위스를 21일간, 독일 중남부를 13일간 여행하기로 한 일정 가운데 스위스 여행을 마치고 독일의 로맨틱 가도와 라인강 고성 지역을 거쳐 지금 쾰른 빌라프 리하르츠 미술관에서 렘브란트의 자화상을 바라보고 서 있는 것이다.

사람은 살아가면서 갈림길에 봉착하는 경우가 많다.

어느 길을 선택할 것인가?

계획된 일을 강행할 것인가? 아니면 포기하고 다른 대안을 마련할 것인가?

나의 인생길에도 항상 갈림길에서 어떤 선택을 해야 하는지 고민을 많이 하며 살아왔다.

중학교를 졸업하고 같은 계열의 고등학교로 갈 것인지? 아니면 가정형편을 고려하여 국비생으로 학비가 들지 않는 고등학교로 갈 것인지? 대학교는 학비가 들지 않는 사관학교를 선택하면서도 해군사관학교로 갈 것인지, 육군사관학교를 갈 것인지?

어린 시절 바닷가에서 살았기 때문에 바다와 함께한 날이 많아 해군사관학교가 마음에 끌리기도 하였으나 성격상으로는 육군사관학교가 맞는 것 같아 선택하는데 고민을 많이 하였다.

1966년 임관 후 소대장 근무 6개월 만에 월남전에 맹호부대 보병소대장으로 파병 지원하였지만, 아내와 연애 중이라 전쟁터로 갈 것인가, 포기할 것인가 고민했다. 돌이켜 보면 수많은 갈림길의 상황에서 고민, 판단, 선택이 연속되는 삶이었다.

우리 삶의 의식 세계는 헤겔이 주장한 정正, 반反, 합合의 변증법적 의식 발전 단계같이 갈림길에서 정正이나 반反을 선택하던 각각의 장점을 살려 발전시켜 나가면 새롭고 올바른 합이 생겨나듯 젊었을 때의 잘못된 선택도 경험과 연륜이 쌓이게 되면 올바른 선택을 하게 되는 확률이 높아지는 것 같다. 나이 들어가며 쌓아진 올바른 경험적 경륜이 갈림길에서 당황하지 않고 고민과 갈등을 줄여주는 것이 아니겠는가?

나이 들면 모험적인 일은 도외시하거나 기피하고 안일하고 편안한 삶을 선호한다. 렌터카 해외여행은 흔히 할 수 있는 여행도 아니고 모험이 따르기 때문에 선뜻 나서지 못하고 주저하게 된다. 그래도 나는 아직 가보지 못한 지역을 가족 동반으로 여행한다는 많은 어려움이 있지만 고민하고 선택하여 즐거운 마음으로 다니고 있다. 선택은 마음을 젊게 하고 이에 따른 육체적 관리도 하게 되니 나이를 잊게 해주기도 한다.

인생은 갈림길에서 고민하고 선택하며 살아가는 과정에서 자화상이 만들어져 가는 것 같다. 중년 나이에는 자기 얼굴에 대한 책임을 스스로 져야 한다고 한다. 자기가 살아온 삶의 애환이 쌓여 얼굴에 표출되고 자화상이 되기 때문이다.

어떤 자화상을 만들 것인가? 갈림길에서 스스로 판단하고 선택하며 걸어온 인생길에서 형성된 자신의 얼굴에 책임질 자신감이 있는가?

자화상은 사진으로 찍어 남겨놓기도 하지만 사진은 보정하는 과정을 거치면서 가식적인 자화상으로 나타날 수 있다. 자화상은 내면이 표출된 사실 그대로 그려져야 값어치가 있고 신뢰가 간다. 그린 자화상도 포장이 간혹 되긴 하지만….

사람은 내면과 외면이 닮아지는 것 같다. 평온하고 안정된 마음을 간직한 사람은 얼굴에도 그 모습이 그대로 나타난다. 고승의 모습을 보면 알 수 있다.

경박하고 어딘가 불안한 마음을 가진 사람은 얼굴에도 그 모습이 나타난다. 사기꾼이나 범죄자들은 표정을 보면 알 수 있다. 일평생 많은 사람을 만나고 부딪치며 관리해온 사람 눈에는 보인다.

누구나 스스로 자화상을 그리며 살아간다. 나의 자화상은 어떤 자화상일까? 남에게 잘 보이기보다 나 자신에 부끄럽지 않은 충실한 삶을 살아온 자화상이었으면 좋겠지만 과연 그렇게 그려질까 하는 의문이 생긴다.

자화상은 겉모습을 보고 그리나 은연중에 내면 모습이 나타난다. 따라서 자화상은 그 사람의 내면에 쌓인 품고 있는 마음과 판단 능력과 연결되어있는 것이다. 인생 경험에서 스스로 판단하고 바르게 결정할 수 있는 능력, 즉 자신감을 가지고 행하는 외적인 행동은 내면에서 올바르게 판별한 자기 자신의 표출이다.

언론이 공정성을 잃고 정의롭지 못한 왜곡된 보도로 국민을 현혹하여 사회가 혼란스럽다. 언론이 제 역할을 바르게 하지 못해 믿음이 가지 않아 나 자신이 혼란스러워질 때 믿고 판단할 수 있는 것은 무엇일까?

내가 살아오는 동안 수많은 갈림길에서 판단하고 선택하며 걸어온 길이 지성과 영성에 정의롭고 부끄럽지 않게 올바르게 살아왔는지 아닌지? 나는 과연 내 마음의 올바름과 정의로움을 판단할 수 있는 능력이 내면에 있는 것일까, 그리고 분별되어 자연스럽게 외면으로 나타날까 하는 많은 의문점이 있다. 하지만 나의 자화상에는 내외적 삶의 명암이 모두 꾸밈없이 표출되었으면 하는 희망이다.

청년기 자화상
(출처:wikipedia_렘브란트 반 레인 作)

자화상을 가장 많이 그린 화가 중에 렘브란트(1606.7~1669.10)와 고흐(1853.3~1890.7)가 있다. 두 화가는 네덜란드 출신이다. 렘브란트는 네덜란드가 1581년 스페인으로부터 독립한 이후 세계 제일의 무역국이 된 황금기에 활동하였다. 상인들의 초상화를 많이 그리고 자신의 자화상도 많이 그렸다.

그의 자화상을 보면 삶의 질곡이 나타나 있다. 약 40년간 그가 남긴 100여 점의 자화상은 연륜마다 독특한 자신의 이미지를 예술적으로 다르게 표현하였다. 촉촉하고 영롱한 눈매의 젊은 시절부터 나약한 노년기에 이르기까지 자신을 엄숙하게 지켜보고 평생에 걸쳐 그려진 것이다.

장년기 자화상
(출처:wikipedia_렘브란트 반 레인 作)

부유하고 성공한 장년기의 화려한 자화상도 있으나 노년이 될수록 내면의 세계를 표현하는 데 집중한 그림들이 많다. 그가 죽기 1년 전에 그려진 이 자화상을 보면 이 사람이 위대한 화가 렘브란트인가 의심스러울 정도로 말년의 비참한 생활상을 보여주고 있다.

밀짚모자를 쓴 자화상 (출처:metmuseum.org_빈센트 반 고흐 作)

고흐는 생전에 40여 점의 자화상을 남겼는데 그는 자화상을 통해 인생의 정수를 포착하려 하였다. 그의 자화상은 고흐의 내면 세계를 반영하고 있어 고통받는 화가의 영혼을 읽을 수 있다.

'밀짚모자를 쓴 자화상'은 프랑스에서 활동하면서 인상주의 화가의 영향을 받은 작품이다. 그가 좋아하는 노란색 위주로 그의 머리를 원형으로 감싸고 있는 화필의 소용돌이는 후광 효과를 나타낸 매우 밝은 표정으로 표현하고 있다.

후기에 '귀에 붕대를 감은 자화상'은 고갱과 격렬히 다툰 후 자해한 사건이 있은 지 2주 후에 그려진 작품이다. 고흐 자신의 모습을 숨김없이 드러내고 있다.

귀에 붕대를 감은 자화상 (출처:courtauld.ac.uk_빈센트 반 고흐 作)

고흐는 고통스러운 감정을 모두 눈에 집중시키고 있다. "인간의 눈에는 영혼이 깃들어 있기 때문이다."라고 그는 말하고 있다.

화가들의 자화상에서 보듯이 자화상은 선택과 경험이 함축된 삶의 흔적이고 열매이다. 갈림길에서 판단하고 선택한 많은 산 경험의 지식이 내면에 축적되어 있다가 자연스럽게 외면으로 배어 나와 자신의 내외면 모습이 진솔하게 표현되어 자화상이 되는 것이다.

혼탁한 우리의 사회를 밝게 비치는, 보기에도 좋은 자화상을 만들기 위하여 올바른 선택을 하며 살아가는 것이 노년의 삶이 아니겠는가?

지금도 나는 갈림길에서 판단하고 선택하며 살아가고 있다. 올바른 선택을 하여 바람직한 자화상이 그려지기를 기대하면서.

산에서 예술적 영감을 얻다

스위스와 독일 남부 지역을 여행하는 기간 중 알프스와 함께한 시간이 많았다. 루체른 주변 산들, 융프라우, 몽블랑, 마테호른, 독일 퓌센과 뮌헨 주변 지역에서 바라본 알프스는 보는 지역에 따라 그

몽블랑 주변의 만년설로 뒤덮힌 알프스 산맥

모습이 다르게 보였다. 날씨가 좋을 때는 산 중간 열차 역에서 내려 하이킹을 하면서 좀 더 오랜 시간 알프스의 여러 풍경을 바라보며 걸었다.

산은 바라보는 사람의 직업, 취미 활동, 관점에 따라 다르게 보이고 느낌도 다를 수 있다. 산악인, 예술가, 군인, 건축가, 부동산업자, 도시 설계자들이 산을 바라보고 느끼는 감정이 다 같을 수는 없을 것이다.

나는 오랜 기간 직업 탓인지 산을 바라보면 관측, 사계, 은폐, 엄폐라는 용어가 먼저 떠올랐다. 전방, 측후방 관측이 가능한지, 이곳

스위스 리기산에서 바라본 알프스 산맥

에 직사화기를 설치하면 교차 사격이 가능한지, 적 관측으로부터 은폐가 되고 곡사 화력에 엄폐가 되는지? 70세를 넘으면서는 직업의식이 엷어져서인지는 몰라도 이제는 산을 보면 대자연의 신비함을 느끼고 그 속으로 들어가는 것만으로도 평온함을 느낀다.

나이 들어서는 주로 표고 500m 이하 산에 올라간다. 높은 산은 산 정상이 바라볼 수 있는 곳에 올라가 편안한 마음으로 산을 바라본다. 기묘한 산의 자연 현상은 신비롭기까지 하다. 산을 보고 있노라면 번잡스럽던 마음이 차분해지고 여유가 생기면서 평온해진다.

산을 오르다 전망 좋은 곳을 찾아 쉬면서 산을 바라보면 정상을 스쳐 흘러가는 구름에서 덧없이 흐르는 세월의 무상함을 느끼기도 하지만 이름 모를 야생화와 잡초들이 자연에 순응하며 살아가는 모습

뮈렌마을에 서서 알프스의 정기를 받다.

에서 강인한 생명력의 아름다움과 존엄함을 느끼기도 한다. 산은 나에게 희로애락을 보고 배워 경험하게 하며 품어주는 교육장이고 심신의 힐링 센터이다.

그냥 지나쳐 버릴 것도 관심을 가지고 보면 가치가 있다는 것을 깨닫게 되고 영감을 받아 아이디어를 얻게 되니 예술인들에게는 자연현상 모두가 작품의 풍요로운 소재가 될 수 있을 것이다.

하루가 다르게 변화되어가는 문명 기기 앞에 감정이 무디어가는 것을 느껴 조급해지기도 한다. 그러나 산을 찾아 자연과 더불어 즐기

몬세라트 산 암벽에 서 있는 수도원

면 마음의 여백이 생긴다. 문명은 가늠할 수 없이 빠르게 변하나 산은 예나 지금이나 자연의 순리대로 서서히 변하고 있기 때문이다.

바위산, 떠다니는 구름, 산 계곡을 따라 흐르는 물, 산속 새소리는 변함이 없다. 산은 언제나 변함없이 나를 받아준다. 산속에 들면 마음이 여유로워져 머리가 정화되고 맑아져 영롱해진다. 불현듯 예상하지 못한 상상력이 떠오르기도 한다. 심신이 편해지고 자유로워 마음이 젊어지니 창의적인 생각이 풍부해지는 것 같다.

스페인 바르셀로나에서 북쪽으로 50㎞ 거리에 몬세라트Montserrat산이 있다. 실로 기이한 형태의 회백색 바위산으로 '톱으로 자른 산'이란 뜻인 몬세라트(몬 : 산, 세라트 : 톱)이다. 바르셀로나에 있는 사그라마 파밀리아Sagrada Familia의 모델이 되기도 했다는 고도 1,235m의 바위산이다.

유명한 건축가 가우디Gaudi가 자주 와서 이 기묘한 바위산의 풍경을 보고 영감을 얻어 대성당을 설계했다고 한다.

가우디Antoni Gaudi(1852.6~1926.6)는 스페인 카탈루냐 출신 건축가로 거의 평생을 바르셀로나와 그 부근에서 일하며 '성 가족聖家族 교회Sagrada Familia' 건축에 일생을 바쳤으나 이를 완성하지 못하고 죽었다. 이 성당은 지금도 건축하고(1882~)있다.

'신이 지상에 머물 유일한 거처'라고 하는 이 성당은 '미완성인 상태로 유네스코 세계 문화유산에 등재된 건축물'이다. 이 건물 설계자이며 총 감독자인 가우디는 결혼도 하지 않고 독신으로 살면서 심혈

성 가족 교회(Sagrada Familia)

을 기울여 이 성당을 건축하였다.

나는 이 산에 몇 시간 동안 머물며 가우디의 건축가적인 상상력과 영감에 경의와 감탄을 하며 바위산 이곳저곳을 살펴보며 돌아다녔다. 그러면서도 이 산을 점령하면 저 멀리 바르셀로나까지 관측이 되겠다는 잠재된 직업의식이 발동되기도 하였다.

프랑스 남부 여행(2012.9) 중에는 액상 프로방스Aix-en-Provence에 위치한 화가 폴 세잔Paul Cezanne(1839.1~1906.10)의 아틀리에에 갔다. 이 아틀리에에서 생 빅투아르산Mont Sainte Victoire이 보이는 언덕까지의 길을 세잔의 길Route de Cezanne이라고 한다.

몬세라트 산

액상프로방스에 위치한 폴 세잔 아틀리

액상 프로방스는 세잔의 고향이다. 파리에서 고향으로 돌아온 세잔은 생의 말년 20년 동안은 어린 시절부터 마음의 고향인 생 빅투아르산 그림을 다양하게 그렸다.

그가 그렸던 30여 점의 생 빅투아르산은 해발 1,100m의 거대한 바위산으로 나무가 거의 없어 멀리서 보면 만년설이 쌓인 것처럼 하얗게 보인다. 세잔은 이 산을 늘 마음에 담아 그림을 그렸다. 고향에 오면 늘 그 자리에 눈에 익은 반가운 산이 있어 마음이 푸근하

생 빅투아르 산 (출처:wikipedia_폴 세잔 作)

고 안정감을 주었다.

폴 세잔은 파리에서 인상파 화가들과 갈등 속에 어울려 지내다가 고향에 내려와서는 어릴 때부터 늘 보아왔던 생 빅투아르산을 바라보며 편안한 마음으로 그림을 그렸다.

성격이 소심한 세잔은 주변 사람들과 잘 어울리지 못하였다. 고독하게 살면서 산이 바라보이는 언덕까지 자주 올라가 산과 같이 호흡하며 마음의 위로와 평안을 찾은 것 같다.

자연의 모습을 삼각형, 사각형, 사다리꼴, 원추형으로 그림 (출처:wikipedia_폴 세잔 作)

생 빅투아르산을 그린 그의 그림은 산과 들판 그 외에 자연의 모습들을 삼각형, 사각형, 사다리꼴, 원추형 등으로 분리해 그렸다.

원근법을 무시하고 사물을 분리해서 보고 색채와 붓질만으로 입체감과 형체를 표현하는 그의 화법은 이후 피카소에게도 큰 영향을 주어 근대 미술의 효시가 되었다.

생 빅투아르산은 세잔의 대화 상대였고 작품의 소재였으며 그가 일평생 탐구하여 얻은 화법의 근원지였고 마음의 안식처였다.

산은 예술가들에게는 예술의 영감을 일깨워 주지만 일반인에게도 예술적 감각을 느끼게 해준다. 높고 험준한 산은 전문 등산가들이 탐험하고 싶은 의욕의 대상이지만 낮은 산도 산을 좋아하는 사람들의 평온한 안식처가 되어주고 있다. 산은 산을 사랑하며 즐겁게 찾는 사람을 사랑한다.

400~500m 정도의 산만 있어도 산 능선에 운동 기구를 설치해 놓고 운동을 하며 산의 정기를 받기 위해 그 주변의 사람들이 모여든다.

나도 내가 근무하는 곳의 인근 산을 나의 산같이 등산로를 만들어 걷고 쉬기도 하면서 많은 생각을 한 적이 있다.

산은 경외의 대상이기도 하다. 겸허한 마음으로 찾아가 무념의 상태에서 편안하게 안길 때 그 사람의 품성과 의지, 생각에 따라 각각 다른 찰나의 깨달음을 준다. 이 찰나의 깨달음이 예술인들의 오감을 자극하여 영감이 떠올라 작품의 소재가 된다.

산은 누구에게나 영적 감동을 주는 보고寶庫이지만 이를 깨닫고 감사할 때 진정한 보고가 된다는 진리를 품고 있다.

Part 04

국내 여행

즐거운 속초 여행

속초에는 1~2년에 한 번은 간다. 설악산과 동해의 바다 정취를 함께 느낄 수 있고 온천 목욕을 할 수 있는 천혜 자연의 도시다. 그래서 그런지 번잡한 도시 생활을 잠시 벗어나고 싶은 생각이 들면 먼저 속초가 떠오른다.

고등학교 때 같은 과를 다녔던 친구 7명이 산악회를 만들어 한 달에 두 번 4~5시간 산행을 한다. 얼마 전까지는 산행 위주로 다녔으나 70세 중반에 들어서면서부터는 둘레길을 걷는다. 북한산, 서울둘레길을 완주하였고 지금은 4번째 둘레길을 돌고 있다. 산행 도중에 쉬면서 각자가 준비해온 간식을 먹고 산행이 끝난 후 반주를 곁들여 점심 겸 저녁을 한다. 몇 년간 함께 산행하면서 우리의 우정이 더욱 돈독해지고 있다.

속초 LH연수원

건강 관리, 나라 걱정하는 생각이 모두 같아 부득이한 사정을 제외하고는 전원이 동참하는 다른 모임보다 우선시하는 모임이다.

산행을 리드하는 대학교수였던 친구의 아들이 속초에 있는 LH 연수원에 1~2년에 한 번 방 1~2개를 예약하여 준다. 미시령을 넘어 속초 시내 진입 전 도로변 안쪽에 있는 LH 연수원은 규모가 아담하고 깨끗하게 관리가 잘되어 있다.

건물 앞 돌에 새겨진 "수려한 풍광은 눈으로, 감미로운 온천수는 몸으로, LH 사랑은 마음으로 영원히 간직하소서"라는 캐치프레이즈가 연수원의 이미지를 잘 홍보하고 있었다.

지하 200m에서 끌어올린 온천수의 지하 목욕탕이 넓고 깨끗하여 우리 일행 모두가 아침, 저녁으로 이곳에서 목욕하기를 즐거워한다.

저녁에 하는 목욕은 술맛과 노변담의 흥을 돋우어 유쾌한 분위기를, 아침 목욕은 숙취 해소와 심신 청량제 역할을 하여 상쾌한 아침을 맞게 한다. 2박 3일 머무는 동안 조석으로 목욕하는 즐거움이 속초를 찾게 하는 이유 중 하나이기도 하다.

일행 중에는 가정주부 못지않은 세프Chef가 있고 식사 후에는 설거지를 서로 하겠다고 나선다. 중앙시장에서 생선회를 뜨고 먹거리를 장 봐 와서 직접 요리를 하니 모두 편한 마음으로 화기애애하게 술 한잔 하며 저녁 식사를 한다. 식사 후에는 술도 깰 겸 지하 노래방에서 한두 시간 노래방 기계 가창 점수를 올리느라 목청을 돋우다가 올라와 잠자리에 든다.

오는 당일은 통상 설악산으로 들어간다. 철마다 다른 모습으로 우리를 맞이해주는 명산이다. 봄에는 비룡 폭포 쪽으로 갔다.

몇 개의 작은 폭포와 출렁다리를 건너 쉽게 올라갔다. 비룡 폭포에

토왕성 폭포

올라 보니 토왕성 폭포로 올라가는 길이 열려있다. 한동안 폐쇄되었던 길이기에 호기심을 갖고 계단을 올라갔다. 거의 70도 경사진 900개의 가파른 계단을 숨을 헐떡이며 위를 바라보면 더 힘들 것 같아 발끝만 보고 걸으며 계단 중간중간에서 쉬면서 힘들게 전망대에 올라갔다. 눈앞에 기암절벽이 병풍처럼 늘어서 있고 골짜기를 타고 서늘한 바람이 불어온다.

산 정상으로부터 내려오던 폭포는 얼어 빙벽을 이루고 있었다. 캐나다에서 여행 온 모녀가 친절하게 사진 촬영을 해주겠다고 하여 병풍 바위산을 배경으로 다 함께 포즈를 취해보기도 하였다.

70 중반을 넘은 나이지만 산에 오르면 마음은 아직도 청춘이다. 맑

토왕성 폭포 병풍바위를 배경으로

은 공기, 시원하게 불어오는 바람, 폭포에서 떨어지는 물, 푸르른 나무숲의 정기를 받아 젊음이 되살아나는 모양이다.

봄은 왔지만 눈 덮인 설악산은 신비로운 경관을 보여준다. 3월 중순이지만 전날 많은 눈이 내려 산행은 통제되었고 비선대 가는 길만 열려 있었다. 푹푹 빠지는 눈길을 걷다 보니 마음이 동심으로 돌아가 눈을 뭉쳐 던져보기도 하였다. 눈 덮인 산속 공기는 상큼하기만 하다.

발자국이 거의 없는 눈길을 젊은 연인들인 양, 손을 서로 잡아주면

눈내린 3월 비선대 가는길

눈 덮인 설악산

서 발자취를 남기며 걸었다. 모두가 연인 같은 기분이었다. 비선대 다리에서 산 관리인이 이곳 이상 올라갈 수 없다고 통제하고 있었다. 비선대 다리에서 바라본 눈 덮인 산은 한 폭의 산수화였다.

올라온 눈길로 하산하여 버스를 타고 중앙시장으로 갔다. 2일간 먹을 주부식과 생선회를 시장 봐 숙소로 돌아왔다.

다음날은 속초 팔경 중 하나인 청대산에 올랐다. 높지 않은 산이시만 시市에서 특별히 관리하고 있는지 올라가는 능선 따라 기증자를 명시한 단풍나무들이 식목되어 있다. 시민들이 늘 많이 오르내리는 산으로 숨 가쁘게 올라가야 할 급경사진 곳이 몇 군데 있다. 산 정상 정자에서는 울산바위, 미시령, 속초 시가지와 동해의 바다가 한눈에 들어온다. 시민들이 이 산을 많이 찾는 이유를 알 것 같다. 탁 트인 시야는 혼잡한 마음을 평온하게 가라앉혀준다. 세파에 시달린 마음을 정화하는 안식처로 산보다 더 좋은 곳은 없는 것 같다.

산에서 내려와 택시를 타고 영랑호로 갔다. 영랑호는 둘레가 7.8㎞의 자연 석호 호수이다. 삼국유사의 기록에 의하면 신라 화랑 영랑이 오랫동안 머물면서 풍류를 즐겼다고 한다. 호수 둘레길 쉼터에서 쉬고 있는 우리 연배의 사람들과 대화를 나누기도 하였다.

연금정

서울에서 내려와 아파트 전세를 얻어 몇 년간 지내고 있는 사람들이다. 내가 아는 사람 중에도 병원에서 수술을 받고 이곳에서 요양하며 사는 사람이 있다. 이곳은 태백산맥과 동해의 바닷바람이 만나 사람 건강에 좋은 오존 바람이 생성되는 지역이기 때문에 사람들이 많이 찾아와 휴양이나 요양을 하는 것 같다.

영랑호에서 나와 해안 길을 따라 걸었다. 속초 8경 중 제1경인 속초 등대 전망대까지는 둘레길과 자전거길이 잘 정비되어있다. 전망대에서는 해안선 멀리 금강산 자락이 보이고 설악산도 보인다. 바로 앞에 내려다보이는 연금정에는 파도가 바위에 부딪치며 흰 물보라를 일으키고 있었다. 자연과 조화를 이룬 구조물이 바다까지 이어져 있어 사람들의 발길이 이어지고 있다.

해안 길을 걸어 내려와 중앙시장 건너편에 있는 아바이마을로 들어갔다. 아바이마을은 실향민 집성촌으로 드라마 '가을동화'로 알려져 찾아오는 사람이 많다. 갯배를 타고 건넜다. 갯배는 밧줄에 갈고리를 걸어 잡아당겨 앞으로 가는데 두 대가 교차하며 다니고 있다. 우리 일행도 갈고리를 밧줄에 걸고 놀이 삼아 잡아당기며 재미있게 수로를 건넜다.

아바이마을은 한국 전쟁 당시 함경도에서 피난 나온 사람들이 전쟁이 끝나면 곧 돌아갈 요량으로 북과 인접한 이곳에 살다가 정착한 실향민 마을이다. 이들이 운영하는 식당에 들어가 이북식 가자미식해와 오징어순대 등 함경도 토종 음식을 간식으로 막걸리 한잔 하며 맛있게 먹었다. 여행하면서 그 지방의 특산물을 먹는 것도 여행의 즐거움이다.

전날 과음한 속풀이를 할 겸 곰치국을 먹기 위하여 갯배 타는 곳 부근의 건어물 상점 주인에게 이곳 현지인들이 찾는 곰치국 잘하는 식당이 어디냐고 물었더니 상점 주인이 친절하게 알려주었다.

100m 정도 뱃길 따라 걷다 보니 허름한 건물에 촌스럽게 쓴 우미 식당 간판이 보였다. 80세쯤 되는 남편과 70대 중반의 주부가 운영하고 있다. 식당 바닥에서는 금방 사서 가지고 온 곰치(물 곰)를 다듬고 있었다. 요즈음 곰치가 잘 잡히지 않아 비싸다고 하며 100만 원 주고 사온 것을 보여준다. 한 그릇에 2만 원으로 곰치를 많이 넣고

홍련암

끓여서인지 푸짐하고 맛이 있었다.

국물 맛이 연한 생선과 잘 씹히는 알, 고니까지 있어 그 맛이 일미이다. 어제 저녁 과음한 숙취가 가시는 듯 속이 후련하였다. 비록 허름한 식당이지만 입소문과 인터넷을 보고 미식가들이 찾아온다고 한다. 남자 주인은 입담 좋게 그 당시 아내와 연애 결혼했다고 하면서 자기 식당이 세계적으로 소문난 식당이라고 자랑한다. 호주와 멕시코에 사는 한국 사람들이 이 식당을 찾아오기 때문이란다. 물려받을 자식이 없어 노부부가 식당을 운영하고 있다. 얼마 전에 속초에 가서 다시 식당을 찾으니 2㎞ 정도 남쪽 시내로 이전하여 운영하고 있었다.

곰치는 검고 큰 놈은 수컷이고, 붉은색은 암컷이라고 한다. 아귀같이 옛날에는 잡히면 버리던 생선으로 홀대받았으나 지금은 금치가 되어 구하기가 힘들다고 한다. 가격이 비쌀 만하다. 음식 가격은 좀 비싼 편이지만 다른 식당과 비교가 되지 않을 정도로 푸짐하고 맛이 있었다.

애주가나 식도락가epicure들은 속초에 가면 한번 가볼 만한 식당이라고 추천하는 마음을 가지고 식당 문을 나섰다.

요즘 TV에서 젊은 세프들이 열의를 갖고 음식 연구를 하여 만든 특별한 요리를 방영하는 프로그램을 많이 보게 된다. 그러나 할머니, 어머니로 대를 이어 전수되는 손맛과 정이 담긴 전통 음식점이 지방마다 많이 존속되었으면 하는 바람이다.

식당을 나와 버스를 타고 낙산사로 향하였다. 속초에 와서 낙산사에 가보지 않으면 어쩐지 허전한 느낌이 들어서 올 때마다 찾게 된다.

2005년 4월 5일 화재로 소실되었던 낙산사가 13년이 지난 이제는 완전히 복구되어 옛 본모습을 찾았고 새로운 건물도 증축되어 있다.

신라 의상대사가 수도한 절벽 위에 세워진 의상대, 홍련암 해안 절벽에는 파도가 부딪쳐 흰 물결이 세차게 출렁대고 해수관음상은 웅장한 모습에 미소를 머금고 동해의 바다를 바라다보고 서 있었다.

평일이지만 방문객들이 많이 와서 바다와 조화를 이룬 낙산사의 절경을 돌아보며 다니고 있었다. 내려오는 길에 다래원에 들러 차를 마시며 여행하면서 있었던 재미있고 즐거웠던 이야기들을 나누는 시간을 가졌다. 서로가 감사했다는 말을 잊지 않고 낙산사를 나섰다.

이곳으로의 여행은 종심從心의 친구들이 함께한 이목구비耳目口鼻가 즐거운 여행이었다.

녹색의 맑은 섬 울릉도

동해의 바다는 예상보다 물결이 잔잔하였다. 금방이라도 비가 올 듯 잔뜩 흐린 날씨라 걱정되었으나 우리 일행을 태운 여객선은 검푸른 바다를 헤치며 40노트의 쾌속으로 울릉도를 향하여 항해하였다.

얼마 전 자주 만나는 고등학교 과 동기들과 산행 중에 울릉도를 가기로 의견 일치를 보았다. 처음에는 3박 4일 정도 예정의 자유 여행을 하기 위하여 자료를 모아 여행 계획을 세웠으나 여행지가 단순하고 숙소, 렌터카 등 현지 사정이 여의치 않아 여행사에 의뢰하여 독도를 포함한 패키지여행으로 결정하였다.

강릉의 안목항에서 오전 8시에 출발하는 여객선은 428명 정원이 거의 만석이 되었다. 흐렸던 하늘이 차츰 맑아지기 시작하였다. 흔히 울릉도 여행은 날씨로 인해 잘못하면 섬에 며칠간 갇혀있기도 한다고들 하는데 우리 여행 기간(5.30~6.1)에는 좋은 날씨로 예보되어 다행이라는 생각이 들었다. 울릉도까지 동해(묵호)에서 161㎞이고, 강릉에서는 178㎞이다. 동해 쪽에서 출발하는 승객이 강릉보다 많은 편이다.

울릉도 도동항

여객선은 3시간 항해 끝에 11시 10분경 울릉도 저동항에 도착하였다. 뱃멀미를 염려하였으나 파도가 잔잔하여 무난하게 왔다. 배에서 내려 여행사 투어 피켓을 든 가이드의 안내로 소형 버스로 도동항에 있는 대구 호텔에 도착하였다. 방 2실(3명, 4명)을 배정받아 짐을 풀었다. 도동항에는 주요 관공서, 학교, 호텔들이 밀집되어 있는 울릉도의 중심지로 관광도 이곳이 기점이다.

도동항에는 포항, 후포, 동해, 강릉에서 몰려온 관광객들이 넘쳐나고 좁은 항구 터미널에는 버스가 혼잡하게 엉켜있었다.

경사진 좁은 골목길 양쪽에는 작은 모텔형 호텔과 음식점들이 늘어서 있고 오가는 사람들로 번잡스러워 시골 장터 같은 느낌이다.

울릉도는 이번이 두 번째다. 2000년 4월 공직 생활을 마치고 그해에 전역, 퇴역한 40여 명의 육해공군 전우들과 동해에서 해군 함정을 타고 울릉도에 와 섬 관광을 하고 성인봉을 오른 후 해안 경비정을 타고 독도에 상륙했다.

그때도 날씨가 쾌청하였다. 즐겁고 추억에 남는 의미 있고 즐거운 여행이었다. 당시에 독도에 접안하는 부두 공사가 일본의 항의로 소형 선박, 경비정만 접안이 가능할 정도로 부두를 낮게 만들어 해군 함정은 접안하지 못하였다. 파도가 조금만 높아도 선박이 접근할 수 없어 김영삼 정부의 연약함을 비판하였던 기억이 있다.

거의 20년 만에 다시 찾은 울릉도는 섬 전체가 청정 지역인 것은 변함이 없다. 중식은 호텔에서 준비된 한식 뷔페로 식사를 하고 도동항에서 저동항으로 이어지는 바위산과 바다를 따라 난 좁은 해안 길을 산책하였다. 깎아지른 듯한 해안의 기암절벽과 천연동굴, 바위와 바위 사이를 잇는 무지개다리로 해안 길을 오르내리며 걸었다.

현무암 절벽은 오랜 세월 풍파로 뚫린 구멍이 금방이라도 무너질

도동항에서 저동항의 해안길

것 같았다. 발아래 오염되지 않은 자연 그대로의 에메랄드빛 바닷물이 투명하게 바닥까지 들여다보였다.

시원한 바닷바람이 2시간 정도 걸으며 흘린 땀을 씻어주었다. 해안 길 산책 후 대기하고 있는 소형 버스를 타고 육로 관광에 나섰다.

울릉도는 관광지가 한정되어 있고 일주 도로가 아직 개통되지 않아 육로 관광은 관광 회사에서 편의상 A 코스, B 코스로 나누어 안내하고 있다.

울릉도에 입항한 오늘 오후는 B 코스인 봉래 폭포－내수 전망대－저동 촛대바위를 관광하고, 2일 차인 내일 오전에는 A 코스인 도동항－사동－통구미－현포－천부－나리분지를 돌아본 후 독도 관광을 하고, 3일 차 오전은 왕복 4~5시간이 소요되는 성인봉에 오르기로 하였다.

현재 울릉도에 주소를 둔 인구는 1만여 명이지만 실제로는 7,000여 명이 살고 있다고 한다. 세제 혜택과 독도 문제로 경북에 사는 사람들이 주소만 옮겨놓고 있어 그렇다고 한다. 울릉도는 신라 지증왕 13년(AD 513년)에 신라에 귀속되어 우산국이라고 명명되었으나 조선시대 태조 13년(AD 930년)에는 우릉도, 인종 때 울릉도로 지명이 되었다. 그리고 1900년에 강원도, 1906년에는 경상남도에 속해 있다가 1914년부터 현재까지 경상북도에 이속되어 있다. 울릉도는 해안선 길이가 64.43㎞이고 행정구역은 울릉읍, 북면, 서면으로 지역 구분이 되어있다.

울릉도에는 향나무, 박달나무, 해당화, 섬 들국화가 곳곳에 울창하

봉래폭포

게 서식하고 있으며 보존되어야 할 희귀 수목이 많은 보배로운 섬이다. 오후 일정에 따라 가이드를 겸한 버스 기사의 설명을 들으며 섬 관광에 나섰다. 먼저 동쪽 저동항 방향으로 갔다.

봉래 폭포는 저동항에서 좁은 경사진 길을 올라가 버스 정류장에서 내려 900m 정도 걸어간다. 길옆의 바위 사이로 나오는 찬 바람으로 땀을 식히며 풍혈 동굴에서 잠시 쉬기도 하였다. 풍혈은 연중 4도를 유지하고 있다고 한다. 향나무 숲길을 지나 데크로드로 올라가니 3단의 폭포가 선명하게 물을 쏟아낸다. 규모는 크지 않으나 1일 약 3,000톤 이상의 물이 1년 내내 마르지 않고 흘러내린다고 한다.

물은 나리분지에서 흘러 내려와 이곳에서 폭포가 되어 떨어지고 있다.

내수 전망대에 올라갔다. 전망대로 가는 길은 완만한 경사지로 동백나무와 마가목이 터널을 이루고 있는 400m나 되는 숲길이다. 해발 440m에 설치된 전망대에 올라서니 눈앞에 아름답게 펼쳐진 울릉도의 경관이 다가왔다. 죽도와 관음도가 보이고 그림 같은 저동항이 내려다보인다. 쾌청한 하늘, 바다, 섬, 바위, 바람이 조화를 이룬 자연 그대로의 신비로운 모습에 감탄하지 않을 수가 없었다.

전망대를 내려와 저동항에 있는 촛대바위로 갔다. 저동항은 어업 전진 기지로 넓은 포구에 어판장이 자리 잡고 있다. 방파제에는 효녀바위의 전설을 품고 있는 촛대바위가 먼바다를 바라보고 서 있다.

내수전망대에서 바라본 저동항

죽도와 관음도

아직도 돌아오지 않고 있는 누구를 기다리고 있는 모습이다. 관광 온 사람들은 저마다 자세를 잡으며 인증 사진 찍기에 바쁘다.

어둠이 시작되어 저동항 활어 센터에서 생선회를 떠 호텔로 돌아와 식사하며 반주로 술을 한두 잔씩 마셨다. 이렇게 울릉도에서의 첫날을 보냈다.

둘째 날은 아침 일찍 도동항에서 서쪽 해안 방향으로 갔다. 경사진 좁은 언덕길을 오르내리며 사동항에 도착하였다. 구슬 같은 모래가 바다에 누워있다는 뜻에서 와옥사臥玉沙라고도 불렀다고 한다. 앞으로 새롭게 건설되는 사동 신항만은 미래에 크루즈선 정박이 가능하고 방파제와 연계된 바다를 매립 경비행기 이착륙이 가능한 1㎞ 활주로를 갖춘 울릉 공항을 조성할 계획이라고 한다. 미니버스를 타고 이동하면서 '탄소 제로 친환경 녹색 섬, 선하고 맑은 섬 울릉도'라고 써진 슬로건을 보며 해안도로 터널을 지났다.

구불구불하고 깎은 듯한 기암절벽 옆 풍광이 일품인 아슬아슬한 해안 길을 가다 보니 포구가 나타났다.

통구미는 마을 양쪽으로 높은 산이 솟아있어 골짜기가 깊고 좁아 마치 긴 홈통과 같다고 해서 통과 구미(구멍)을 합해 통구미라는 자연적인 이름으로 형성된 자연 포구 마을이다.

이곳에서 바위 구멍을 통하여 천연기념물 제48호로 지정된 향나무 자생지를 바라볼 수 있다. 통구미 앞의 거북바위는 파도의 침식 작용으로 육지에서 떨어져 나와 형성된 바위로 통구미를 상징하는 자연 경관의 백미다.

통구미 서쪽 해안 길 우측 산에 자연이 빚은 바위 조형물이 나타났다. 주상절리가 산 위에 형성된 옛 우산국의 전설을 간직한 높이 100m 정도의 국수 바위(비파산)는 지금도 의연하게 기이한 모습을 보여주고 있었다.

터널과 산길을 지나 현포항에 도착하였다. 바다 한가운데 코를 담그고 있는 코끼리 형상의 공 암이 신기하게 바다 안에 박혀 있고 그 모습은 해안 길을 따라가면서 여러 형상의 동물 모습으로 바뀌고 있었다.

천부항에서 구불구불한 도로를 곡예하듯 올라가니 울릉도 내에서 유일한 평지인 나리분지가 나타났다. 나리분지는 해발 약 500m의

통구미

코끼리 형상의 공암

분지로 동서가 약 1.5㎞이고, 남북이 2㎞로 화산의 중앙부가 원형으로 함몰되어 형성되었다. 이곳은 개척민들이 섬말나리 뿌리를 캐어 먹고 연명하였다고 하여 나리골이란 이름이 연유되었다고 하며 1882년에 지은 일자형의 너와집이 아직 보존되어 있다.

이곳의 분지 지하에서 용출되는 물이 흘러 봉래 폭포를 이룬다. 나리촌 식당에서 약초와 호박 씨앗으로 빚은 씨 껍데기 동동주와 조 껍데기 술을 비교하며 즐겁게 술을 한 잔씩 하였다.

나리분지에서 내려와 천부항 해안 길을 따라가면 울릉도 3대 비경 중 하나인 삼선암이 바다 위에 우뚝 서 있다. 멀리서는 2개의 바위로 보이지만 가까이 가서 보면 3개의 바위로 되어있어 경이로움을 더해

준다. 오랜 풍상을 이기며 선녀의 전설을 간직하고 있는 아름다운 바위의 생김새가 나를 바다로 끌어들이는 듯하였다.

삼선암 옆 관음도는 무인도지만 지금은 140m 길이의 보행 전용 연육 교가 설치되어 있어 사람들이 섬으로 들어가 섬을 한 바퀴 돌아보고 나올 수가 있다. 관음도 옆에 있는 죽도는 몇 년 전 TV에서 더덕 농사를 지으며 혼자 사는 총각이 소개되었는데 지금은 결혼하여 부부와 어린아이가 같이 산다고 한다.

거제도 앞바다 섬 외도를 어떤 인연으로 매입하여 천혜의 작은 왕국을 만들어 살아가고 있는 부부가 생각났다. 사람이 살아가는 길은 생각 나름이다. 부부가 한마음이면 사는 곳이 어디든 천국이 아니겠는가?

공직에 있었던 사람들이나 연예인들이 은퇴 후 섬이나 자연과 벗하며 행복하게 살고 있다. 이곳에도 가수 이장희가 은퇴 후에 울릉천국을 조성하고 산다. 탁 트인 공간에 작은 호수와 잔디밭을 잘 가

나리분지의 너와집

꾼 집에 거주하며 아트센터에서 매주 화, 목, 토요일 오후 5시에 공연을 하고 있다고 한다.

제주도에는 민박집으로 한동안 JTBC에서 방영된 이효리, 이상순 부부가 7년간 정착하여 살다 최근 수도권으로 거처를 옮겼다. 가수 루시드폴(조윤석)도 제주도 서귀포에서 귤 농사를 지으며 작품 활동을 하고 있다. 요즈음 남해의 원예 예술마을에 사는 탤런트 박원숙이 동료 배우들과 TV프로에 소개되고 있다. 현업에서 활발하게 활동하던 사람들이 삶의 후반기에 자연과 더불어 사는 모습이 좋아 보인다.

오후에는 독도 관광에 나섰다. 울릉도에서 독도까지는 87.4㎞로 1시간 30분이 소요되었다. 파도가 잔잔하여 여객선은 부두에 바로 접안하였다. 독도 상륙에 조금 흥분된 관광객들은 태극기를 들고 다니며 인증 사진 찍기에 바쁘다. 18년 전에 왔던 독도는 변함없이 서도와 동도로 나누어져 있고 괭이갈매기가 좀 더 많이 서식하고 있는 것 같았다.

당시에 우리를 안내해주던 경비병이 괭이갈매기의 알이 있는 언덕으로 안내하여 잠시 알을 보고 있었는데 괭이갈매기 떼가 내 뒤에서 소리를 지르고 있었다. 언덕을 내려오는데 일행이 점퍼를 벗어보라고 하여 벗어보니 괭이갈매기 배설물이 점퍼에 가득 퍼져 있었다. 새끼 보호를 위하여 배설물로 나를 공격한 것이다. 당시의 기억이 떠올라 이번에는 섬을 돌아보고 괭이갈매기 있는 곳에는 가지 않았다.

일본은 독도를 죽도로 부르고 자기 영토라고 주장하고 있으나 우리가 실질적으로 거주하고 있어 우리의 실질적 영토이다. 일본은 국제법상 1년에 한 번은 독도를 자기 영토라고 이슈화하는 것이 혹시 후에 영토 분쟁이 일어날 시 근거 자료로 남기기 위한 행사라고 한

독도

다. 우리가 과잉 대응을 하면 더 큰 이슈화가 된다고 국제법 학자들이 말한다. 맞는 것 같다.

독도는 우리가 현재 실질적 주거자이니 차근차근 자료를 정리해 두는 것이 현명하다. 울릉도에 있는 안용복 기념관에는 독도가 우리의 땅임을 개인의 노력으로 확정 지은 각종 자료가 전시되어 있다. 우리도 힘을 보태야 한다는 마음을 품고 독도를 떠났다.

울릉도는 자연 그대로를 담고 있는 천혜 자연 청정 지역이지만 젊은이보다 나이 든 관광객들이 많았다. 번잡한 숙박 시설, 좁고 경사진 도로망, 제한된 볼거리 등으로 젊은이들에게는 제주도보다 매력이 적은 모양이다. 독도를 관광하는 이벤트가 있기에 사람들이 많이 찾아드는 것 같다.

3일 차 아침에 성인봉(986m)을 등산하였다. 성인봉은 영산으로 산의 모양이 성스럽다고 하여 성인봉이라 부른다. 오후에 울릉도를 출발하여 강릉으로 가는 바쁜 시간이지만 울릉도에 와서 성인봉을 올라가지 않으면 무엇 하나 빠진 것 같아서 왕복 5시간 소요되는 성인봉 오르는 것이 조금은 무리이지만 강행하기로 하였다.

바다로부터 시작되는 해발 986m의 산은 육지의 산보다 더 높은 느낌이다. 처음 50분간은 급경사 길이고 중간의 30분은 평지, 마지막 50분은 또 급경사 길이다. 성인봉 등산길은 울창한 나무 사이로 햇살이 들어와서 풀잎에 반사되어 반짝거린다.

산 중턱 숲은 고비 풀이 지면을 덮고 있어 푸르름에 푸르름을 더해준다. 상쾌한 마음으로 쉬엄쉬엄 쉬면서 올라갔다. 젊은 남녀 등산객들이 간간이 눈에 띈다. 정상 부근은 급경사로 숨이 벅차 힘들게 올라갔다. 산은 정상에 올라가야 목적이 달성되는 것 같다.

성인봉 등산길의 고비풀

성인봉 정상에서

정상에는 성인봉聖仁峰 986m의 표지석이 서 있다. 휴식을 취할 좁은 자리도 없으나 정상에 발을 디뎠다는 만족감에 인증 사진을 찍었다.

산 뒤쪽 전망대에서 바다로 이어지는 산과 바다를 바라보고 하산하였다. 하산 길에 여유롭게 주변을 살펴보니 너도밤나무, 섬피나무, 우산고로쇠 나무들이 숲을 이루어 그늘을 드리우고 이름 모를 희귀 수목이 우리의 발길을 멈추게 하였다. 배 출발 시각 때문에 산에서 좀 더 오랜 시간 머물지 못한 아쉬움을 뒤로하고 하산하여 도동항의 유일한 해수탕에서 목욕한 후 여객선에 몸을 실었다.

성인봉 등산은 내 생애에 아름다운 추억으로 남게 될 것이다. 80이 다된 나이에 해발 986m나 되는 산을 등반하기는 쉽지 않은 일이다. 행복한 삶이란 무엇보다 건강해야 한다는 것을 재확인했다. 지금까지 평소 체력 관리를 나름대로 잘해왔기에 가능한 일이었다. 앞으로도 운동과 절제된 생활을 꾸준히 하여 건강한 몸을 유지해야겠다고 다짐하였다.

등산을 같이 할 수 있는 친구들이 있어 좋다. 능력의 차이는 있지만 같이하니 이룰 수 있는 것이다. 마음 맞는 친구들과 함께 여행하고, 등산하는 시간은 즐겁고 행복하다. 서로를 배려하고 격려하는 것은 마음의 소통으로 이어진다.

성인봉 산속에서 5시간 있는 동안 심신이 활력을 찾은 듯 산뜻함을 느꼈다. 여행하며 만나는 자연은 우리를 힐링healing하게 한다. 공해 속에서는 느끼지 못하는 자연의 신선한 공기는 사람의 몸과 마음을 치유해 준다.

울릉도는 치유의 섬이다. 이 섬사람들은 울릉도는 도둑, 공해, 뱀이 없고, 향나무, 바람, 미인, 물, 돌이 많은 3無5多의 섬이라고 한다. 짧은 여행 기간이라 확인은 할 수 없었다.

이번 여행에서 경험한 쾌청한 날씨와 울릉도가 품고 있는 기암절벽, 성인봉 푸른 숲과 맑은 공기, 해안도로를 따라 다가오는 풍광, 산마루에서 바라본 바다, 섬, 마을이 함께 어울린 아름다운 경관은 내 기억 속에 오래 담겨있을 것이다. 두 번의 독도 탐방은 내 삶에 역사성 있는 일이 되었다.

항구를 떠나 여객선 선상에서 바라본 울릉도는 푸른 하늘, 파란 바다, 녹색의 숲과 절벽 바위로 둘러싸여 슬로건 그대로 녹색의 맑은 섬 모습으로 점점 시야에서 멀어져 가고 있었다.

내 인생 여정에 친구들과 함께한 즐겁고 아름다운 추억을 안겨준 여행이었다.

다시 찾은 4월의 제주도

아침에 일어나 식탁 창문으로 밖을 보면 불규칙한 아파트와 주택의 지붕너머로 푸른 바다와 마라도, 가파도가 눈 안에 들어온다. 안방 창문으로는 산방산과 송악산이 바로 앞에 바라보인다. 가슴이 시원하게 확 트인다. 도심 속 아파트로 둘러싸인 답답한 밀폐된 곳에서는 느낄 수 없는 상쾌함이다.

차로 10분 거리에는 해안 길 따라 올레길이 이어져 있고 30분에서

제주도 1년살이 집

1시간 거리에는 제주도 산간, 해안 지역 어느 곳이라도 닿을 수 있는 곳에서 우리는 지내고 있다. 금년 1월 용인의 집에서 추위를 피하여 20일 정도 머물 예정으로 제주도에 내려와 송악산 부근 리조트에 자리를 잡았다.

서울은 영하 12~16도로 수도관이 파열된다고 야단이었지만 제주도의 남쪽 끝인 이곳은 바람은 세차게 불어도 영상의 날씨였다.

올레길을 걷던 중 3식구가 살기에 안성맞춤인 방 2개와 거실, 주방, 식탁이 구비 된 임대 빌라를 보고 1년 살아보기 계약을 하였다.

송악리조트에서 바라본 해돋이

유채꽃

1, 2월의 제주도는 바람이 강하고 날씨도 변덕스러웠다. 3월은 용인의 집에서 지내고 4월에 다시 제주도에 내려오니 온화한 날씨에 노란 유채꽃이 활짝 피었고 나뭇잎은 파릇파릇하게 녹색으로 변하면서 봄은 이미 육지로 올라가고 있었다.

빌라를 연세로 1년간 임대하였지만 우리는 5개월 정도 철 따라 내려오고 비어 있을 때는 친지들이 사용하다 보니 모두들 좋아한다.

모슬포는 제주도에서 가장 서남쪽에 있다. 태평양 전쟁 시 일본군이 군사 기지로 건설한 알뜨르 비행장과 지하 벙커가 있고 모슬봉을 지나는 올레길 11번 코스가 해안도로를 따라 이어져 있다. 지금은 지명이 서귀포시 대정읍이다.

그러나 이곳 사람들은 모슬포라는 옛 지명을 되찾기 원하고 있다. 모슬포는 제주도 지역에서 농토가 가장 많은 지역으로 1년에 4모작까지 한다. 모슬포의 여자들은 농사일에 파묻혀 살고 있어 이곳으로 시집오기를 주저한다고 한다. 모슬포항에서는 가까운 거리에 청보리가 가장 먼저 시작되는 가파도와 우리나라 최남단 마라도로 가는 배가 수시로 운항하고 있다. 육지의 남쪽 끝인 송악산도 있어 연중 관광객들이 꾸준히 이어지는 곳이다.

모슬포항에는 11월부터 다음 해 2월까지 한 마리에 7~30㎏ 하는 대방어가 낚시로 잡힌다. 이 기간에 대방어 축제가 이곳에서 열리고 있어 전국에서 대방어를 먹기 위하여 관광객들이 많이 몰려든다. 우

모슬포의 알뜨르 비행장

가파도의 청보리

리도 1주일에 7~8kg짜리 대방어를 한 마리씩 회로 먹었다.

여행 중에 그 지역의 특산물을 먹을 수 있는 것은 즐거움이고 여행의 기쁨이며 보람이다. 모슬포에 살고 있기에 낚시로 잡은 대방어와 부시리(히라시)를 염가로 먹을 수 있었다.

이곳은 유명 관광지는 아니지만 소박하게 살기에는 좋은 지역이다. 대중적인 먹거리를 쉽게 구할 수 있는 상설 재래시장이 있고, 모슬포 오일장이 인근에서 열린다. 제주 국제

대방어

영어 학교가 15분 거리에 있어 서울 못지않은 시설을 갖춘 마트도 부근에 있다.

차로 20분 거리 안에 곶자왈 도립공원, 추사 유배지, 오설록 녹차 박물관, 자동차 박물관, 카멜리아힐 등 각종 박물관이 있다. 산방산, 중문 관광 단지, 차귀도, 한라산 둘레길, 올레길, 휴양림도 있다. 집 가까이에 걷고, 휴양하기에 좋은 곳이 있다는 것이다.

4월의 해안가는 훈훈한 바람이 불어 올레길 걷기가 한결 가볍다. 발걸음이 가벼우니 주변을 둘러보며 여유롭게 걸었다.

중국 사람들이 제주도를 좋아하는 이유가 사방이 바다로 둘러싸여 있고 한라산이 육지 한가운데 우뚝 솟아있어 어디서나 산과 바다를 한눈에 볼 수 있기 때문이라고 한다. 대륙 지역에 사는 사람들로서는 볼 수도 없고 느끼지 못하는 아름다운 자연풍광이다.

올레길 따라 자연의 아름다움도 많이 볼 수 있지만 뷰 포인트view point에는 특색 있게 지어진 카페들이 들어서 있다. 우리는 올레길을 걷다가 경치 좋은 곳에 있는 카페에서 커피를 마시며 쉬어가곤 한다. 그곳에서 젊은 연인들이 바다를 보며 정답게 앉아 커피를 마시는 모습을 보면 정감이 느껴지기도 한다. 이런 분위기에 익숙해지다 보니 내 마음이 젊어지는 듯하다. 올레길에서 만나는 또 하나의 기쁨이다.

세계적으로 명성 있는 관광지 못지않은 분위기를 자아내는 카페가 제주 올레길을 따라 곳곳에 자리 잡고 있다. 숨겨진 듯 있는 카페도 인터넷을 통하여 젊은이들이 많이 찾아들고 있다.

송악산에서 바라본 한라산

올레길 걷다 들어간 카페

장선우 영화감독의 물고기 카페

우리는 널리 알려진 곳보다는 호젓한 곳에 비밀스럽게 자리한 곳에 앉아 케이크와 커피 한잔 하며 확 트인 바다를 바라보면서 쉬어가는 분위기를 좋아한다. 올레길 따라 걷다 우연히 만난 조용하면서 아늑한 카페이다.

지금은 제주 해안 곳곳에 아름다운 카페들이 수없이 들어서 있지만 2000년대 초반만 해도 제주도에는 카페가 별로 없었다.

올레길 9코스에 있는 대평리의 물고기 카페는 제주도에 카페 문화를 정착시킨 곳이다. 장선우 영화감독이 오래된 농가를 개조해서 카페로 만들어 당시에는 제주 토박이들이 차를 타고 와 커피를 마실 정도로 소문이 났다고 한다. 카페 간판이 올레길 돌담에 물고기 한 마리 그려져 있어 눈여겨보지 않으면 그냥 지나칠 수도 있다. 내부는 아담하게 꾸며져 있어 아늑하다. 석양을 바라보며 커피 한잔에 낭만을 즐길 수 있는 정서적인 분위기다.

서귀포 자연휴양림

이번에 머물면서는 7, 8월 여름철에 와서 다닐 곳을 미리 찾아다녀 보기도 하였다. 여름에는 해안가 올레길보다는 무더위를 피할 수 있는 한라산 산간 숲속이 좋을 것 같아서이다.

서귀포 자연 휴양림, 치유의 숲, 사려니 숲길, 곶자왈, 한라산 둘레길, 영실에서 윗세오름, 절물 자연 휴양림, 비자림, 거문 오름, 다랑쉬 오름 등을 비롯한 여러 오름이 있다.

해안가 올레길과 한라산 산간 지역을 다니면서 보고 걸으며 느껴지는 것은 제주도는 세계적으로도 보기 드문 천혜 자연의 보고라는 것이다.

노르웨이, 뉴질랜드, 캐나다는 제주도보다도 못한 자연을 보호하

신화월드 리조트, 호텔

기 위하여 개발을 엄격히 제한하고 있는 것은 물론이고, 이미 개발하였던 곳을 100년 가까운 기간 동안 원상 복귀시키고 있는 현장에 들어가 보기도 하였다.

현재 거주하는 도민들에게는 불이익이 되더라도 제주도는 개발을 철저히 제한하여 자연이 보존되어야 한다는 생각이 들었다.

자연은 한번 파괴되면 복구가 쉽지 않다. 한때 제주도 경제 활성화를 위하여 중국 사람들에게 땅을 팔고 많은 투자 유치를 위한 혜택을 주었는데 앞으로 그 부작용이 일어날 수 있는 것을 여러 곳에서 느꼈다.

신화 월드개발은 250만 평의 땅에 호텔과 리조트, 놀이 시설들을 빽빽하게 지었는데 그 많은 숙박시설을 어떻게 이용하고 운영할 것인지 의문스럽다. 중국 자본이 투자되어 중국 관광객들을 자기들 시설에 다 수용하고 소화한다면 제주도에 남는 것은 무엇이겠는가? 세

신화월드 놀이 시설

수입과 현지인 고용은 되겠지만 자연 훼손과 자산 유출은 엄청날 것이다.

섭지코지, 표선, 오라 지구 등 여러 요지에 중국 자본 리조트와 위락 시설을 짓고 있으니 걱정이 된다. 그나마 산간 지역은 보존이 잘 되고 있어 다소 마음에 위로가 되었다.

제주도에는 화산 바위로 인하여 개발할 수 없는 땅이 많다. 이곳에 오랜 세월 동안 각종 식물이 자라 숲을 이루고 있다. 곶자왈을 비롯한 휴양림에는 데크로드와 야자수 매트를 깔아 숲길을 편하게 걸어 다닐 수 있도록 만들어 놓았다. 숲속 맑은 공기를 마시며 숲을 살필 수 있는 탐방로를 만든 것이다. 지금은 숲길 따라 걷고 쉬는 치유의 숲으로 만들어 사람들이 많이 이용하고 있다.

4월에는 유채꽃 축제도 즐기고, 해안가 올레길과 산간 지역의 자연 휴양림 숲속 길을 매일 3시간씩 걸었다. 봄을 일찍 맞이한 4월 한 달간 제주도 생활은 육체적 건강, 정신적 휴양 기간이면서 여름을 지내기 위한 준비 기간이었다.

제주도는 계절마다 나에게 희망과 삶에 활력을 주는 구원의 섬이 되었다.

가슴에 사랑이 피어나는 통영

통영은 세계 3대 미항의 하나인 이탈리아 나폴리와 비견되어 동양의 나폴리라는 닉네임의 아름다운 항구 도시이면서 예향, 다도해, 충무공 이순신, 청정 해역 굴 양식이 연상되는 도시이기도 하다.

미륵산에 올라보면 한려해상 국립 공원에 크고 작은 섬들이 바다

미륵산에서 바라본 한려해상의 섬들

가운데 점점이 박혀 있다. 바다를 바라보고만 있어도 마음이 평온해진다.

세상일들에 시달린 마음을 추스르기 위해 집을 나서 남해를 거쳐서 통영에 왔다.

케이블카를 타고 온 관광객들은 다도해 풍경을 바라보고 감탄의 환호성을 올리며 바다와 항구를 배경으로 인증 사진 찍기 바쁘다.

아름다운 풍광과 환하게 웃는 사람들의 모습을 보니 마음의 갈등이 풀어지는 것 같다. 불현듯 짐을 싸서 여행 온 보람이기도 하다.

자연의 아름다운 풍경은 심적 고뇌를 잊게 해주는 청량제이기도 하다.

나는 일본 요코하마에서 태어나 5살 때 어머니 고향인 통영 군 도

사량도의 지리망산을 오르다

산면 수월리 자그마한 어촌에서 8살까지 3년 동안 살았다. 당시 수십 채의 집들이 옹기종기 모여 있는 어촌에는 외가댁 식구들이 살고 있었다. 산비탈에 경작한 고구마와 바다에서 잡아온 생선으로 생계를 유지하였다. 지금은 인근 바다가 전부 굴 양식 어장으로 변해 있다.

굴 양식을 하며 활기차게 생업에 종사하면서 사시던 외가 친척 어른들은 전부 돌아가셨고 중년이 된 조카들은 통영 시내에서 살고 있다. 수십 년 세월은 흘렀으나 수월리 앞바다는 여전히 경관이 수려하다.

8살 되던 해에 인천으로 이사를 하여 30년간 인천에서 살았다. 그러나 어쩌다 통영에 가게 되면 사량도 가는 여객선 항구인 가오치항을 지나 수월리에 가보곤 한다.

고등학교 시절에는 친구 2명과 무전여행으로 부산에서 배를 타고 통영에 왔었다. 도산면 면사무소에서 산길을 넘어 수월리 외삼촌 댁에서 며칠간 지내기도 하였다. 어린 시절 3년 남짓 살았지만, 마음에는 늘 향수 같은 그리움이 있어 이곳 바닷가에 별장 같은 집을 짓고 지내볼 생각도 하였다. 지금도 2~3년에 한 번씩 통영과 거제도에 내려가 추억어린 곳을 찾아보기도 한다.

가족과 같이 여행을 하면 미륵섬에 있는 리조트에서 지내기도 하고 고등학교 동기들과는 사량도에 가서 돈지－지리망산－불모산－옥녀봉을 넘어 대항의 리조트에서 머물기도 했다.

삼덕항에서 뱃길로 1시간의 욕지도에 들어가 펜션에 머물며 천왕봉을 오르고 섬 일주 도로를 따라 점점이 떠 있는 아름다운 섬들에

통영의 펜션에서

도취하기도 하였다. 처가 가족들과는 남해, 통영으로 여행을 하면서 통영 바닷가 아름다운 펜션에서 밤늦도록 생선회와 술 한잔 하면서 유치환의 시를 읊기도 하였다.

통영에 가면 24㎞에 달하는 미륵도의 산양 일주 도로와 중앙 수산 시장, 동피랑, 유치환 기념관과 충렬사, 이순신 공원 등을 꼭 보고 온다.

통영은 갈 때마다 변화된 모습을 보여준다.

1994년 충무시와 통영군이 통합되어 통영시가 된 이후로 예향 도시의 이미지를 적극적으로 홍보하면서 이에 수반되는 관광 사업과 부대 시설을 확충하고 있다. 문학, 미술, 음악 등 예술혼이 함유된 예향적 도시에 부합되는 관광에 중점을 두고 공사하는 현장을 곳곳

충렬사

이순신 공원

동피랑의 벽화앞에서 동서, 처제들과

에서 볼 수 있다. 수많은 예술 문학가를 배출한 통영은 도시 전체가 하나의 문화 공원 같다.

파도 따라 햇살이 은빛으로 반짝이며 갈매기 울음소리가 항구 도시임을 알려주고 있다. 바다가 보이는 달아 공원 산마루터에 앉아 겹쳐있는 섬들을 바라보고 있노라면 그 아름다운 풍경에 시상이 떠오르지 않을 수 없다.

통영에서 시인 유치환, 김춘수, 음악가 윤이상, 소설가 박경리, 한국의 피카소로 불리는 전혁림 화백 등 뛰어난 예술가들이 배출되었다는 것은 이와 같은 수려한 자연환경의 영향이 아닌가 하는 생각이 든다.

예술가들이 많이 사랑한 미륵도에는 그들의 예술혼이 담긴 흔적을 볼 수 있다. 박경리 기념관도 이곳에 있다.

박경리 기념관

시내에 조성된 '통영을 빛낸 예술인 거리'에는 관광객들이 많이 다니고 있었다. 나는 유치환 기념관과 유치환 거리, 우체통을 보면서 젊은 시절 회자되었던 청마 유치환과 정운 이영도의 로맨틱한 사랑 이야기를 생각해본다. 연애편지에 많이 인용된 유치환의 시 '행복'이 우체통 옆에 가지런히 기념비로 놓여 있었다.

유치환 (출처 : wikipedia)

사랑한다는 것은
사랑을 받느니보다 행복하나니라
오늘도 나는

에메랄드빛 하늘이 훤히 내다뵈는
우체국 창문 앞에 와서 너에게 편지를 쓴다
(중략)
사랑하는 것은
사랑을 받느니보다 행복하나니라
오늘도 나는 너에게 편지를 쓰나니
그리운 이여 그러면 안녕
설령 이것이 이 세상 마지막 인사가 될지라도
사랑하였으므로 나는 진정 행복하였네라

이 시는 유치환이 작고한 후 청마가 정운 이영도에게 보낸 편지 중 200여 통을 선별하여 '사랑하였으므로 행복하였네라'라는 제목의 시집으로 출간되어 세상에 알려졌다.

청마는 1908년 통영에서 태어나 통영 보통학교 4학년을 마치고 일본으로 건너가 도요야마 중학교에 다녔다. 부친의 사업이 기울자 귀국하여 동래고보 5학년에 편입한다. 1928년 연희전문을 중퇴하고 진명유치원의 보모로 있던 권재순과 결혼하였다. 고향으로 내려와 정지용의 시에 깊은 감명을 받아 본격적으로 시를 쓰기 시작한다.

정운 이영도는 경북 청도 출신으로 시조 시인이었다.

그는 일찍이 결혼하여 딸이 하나 있다. 남편이 폐결핵으로 고생하자 공기 좋고 따뜻한 이곳으로 이사를 하였다. 그러나 남편은 2년 만에 세상을 떠난다. 이영도는 생계 수단으로 통영여중 국어 교사가 되면서 이 학교에서 교편을 잡고 있던 유치환과 숙명적으로 만나게 된다.

정운 이영도 (출처:docsplayer)

당시에 유치환과 김춘수, 김상옥, 이영도는 함께 어울리며 시를 읊고 문학을 논하며 지냈다. 유치환은 단아한 이영도를 사랑하게 된다. 그 연모하는 심경을 시로 표현한 연서로 전하였다.

당시 유치환은 38세 유부남이고, 이영도는 29세의 딸 하나 있는 독신녀였다. 이영도는 유치환의 마음을 받아들이지 않았다.

그 당시 청마는 '그리움'이라는 시로 심경을 표현하고 있다.

파도야 어쩌란 말이냐
파도야 어쩌란 말이냐
임은 뭍같이 까딱 않는데
파도야 어쩌란 말이냐
날 어쩌란 말이냐

청마가 정운에게 바친 사랑의 절규이다.

1947년부터 거의 하루도 빠짐없이 편지 보내기 3년, 마침내 두 사람은 플라토닉한 사랑을 하기에 이르렀다. 그러나 청마가 유부남이어서 만남은 자연스럽지 못하였다.

청마의 이러한 사랑의 마음이 시 창작의 발상이라는 것을 인지한 부인 권재순이 이영도를 초청하고 식사를 하며 두 사람만의 자리를 마련해주기까지 했다고 한다. 부인의 넓은 마음이 애처롭기까지 하다.

다른 여자와 사랑에 깊이 빠져있는 시인인 남편을 조강지처는 넓은 도량으로 이를 이해하고 받아들여야 하는 것이 아내의 덕목인지 생각하다가 박목월 시인이 떠오른다.

서울대 국문학과 교수로 있던 박목월 시인도 대구 출신 이화여대생과 사랑에 빠져 어느 날 두 사람이 사라졌다고 한다. 수소문 끝에 제주도에서 살고 있다는 것을 알게 된 부인이 제주도로 내려가서 '힘들고 어렵지 않으냐?'며 두 사람의 겨울옷과 돈 봉투를 주고 서울로 올라온다. 이에 감동한 두 사람은 밤새도록 잠을 설치며 사랑의 도피를 끝내고 헤어지기로 하였다고 한다.

박목월
(출처:동리목월문학관)

애인인 여대생 H양을 떠나보내며 쓴 시를 그 여인이 임종하고 며칠이 지나 대구에서 해군 정훈대를 조직해 지휘하고 있는 김성태에게 작곡을 부탁하여 1954년 11월에 발표하였다. 이 곡이 유명한 가곡 '이별의 노래'이다. 이 곡이 발표되자 성악가들이 다투어 독창회에서 부르고 특히 가을 독창회에서는 빠지지 않는 레퍼토리가 되었다.

박목월은 가정으로 돌아왔으나 그 여인은 세상을 떠났다. 그리고 얼마 후 본인도 세상을 떠난다.

유치환은 부산여상 교장으로 재직 시 1967년 2월 교통사고로 사망하였다. 그가 이영도에게 보낸 20여 년에 걸친 편지 중에 6·25 전쟁 이전 작품은 전쟁으로 소실되고, 남아 있는 5,000여 통의 편지 중 200통을 이영도가 '중앙 출판사'에 의뢰하여 단행본으로 발간하였다. 이 청마의 사랑 편지가 책으로 나오자 며칠 만에 매진되었다고 한다. 당시 두 사람의 사랑 이야기가 얼마나 젊은 연인들 사이에 관심의 대상이었는가를 알 수 있다.

누군가 이런 말을 했다. 가슴이 호수처럼 잔잔하면 시가 발동하지 않는다. 가슴에 수평이 무너져 오목하게 우물이 패여야 시가 고여 넘쳐흐른다. 가슴에 우물이 패이려면 사랑만 한 게 없다.

그래서 사랑은 첫사랑, 실연, 플라토닉 사랑, 짝사랑, 이루지 못할 사랑, 불륜의 사랑을 하면서 가슴이 패이고 애절한 마음을 느껴야 시상이 떠오르는가 보다.

플라톤은 사랑할 때 누구나 시인이 된다고 하였고, 시인이 되려면 사랑에 빠져야 한다고 바이런은 말했는데, 낭만이 있는 시절 이야기 같다. 각박하게 돌아가는 현대 사회에서도 유치환과 박목월 부인 같은 조강지처가 있을까? 시인들의 이런 사랑 이야기를 이해할 수 있을까?

통영에서 유치환 시인의 기념관과 유치환 거리, 우체통, 곳곳에 세워져 있는 유치환의 시비를 보면서 나는 사랑으로 마음에 깊은 상처를 받아 번민하고 괴로워한 적이 없어 시인이 되었다 하더라도 심금을 울리는 시상이 떠오르지 못했을 것으로 생각한다. 그러나 여행 중에 자주 접하는 자연이 나에게 전해주는 무언의 말들을 느낀다. 내가 느낀 무언의 말들을 서툴게 여행기에 담아본다.

통영은 나의 어린 시절을 보낸 곳이고 지금도 외사촌들이 살고 있어 낯설지 않은 정이 든 곳이다. 그래서 그런지 가끔 집을 떠나 내려가 보고 싶은 마음의 고향이다.

현업에 있을 때는 느껴지지 못했던 감정인데, 나이 들어 통영 여행길에서 만난 시인들의 사랑 이야기가 내 가슴에 젖어들어 눈을 감아본다. 통영은 나를 사랑할 수 있는 마음을 갖게 하고 젊음을 찾게 하여주었다. 앞으로 더욱 아름다운 추억거리를 만들어야겠다는 욕구가 솟아오른다.

통영 거리를 거닐면서 연정의 설렘으로 마음이 부푸니 이곳으로의 여행은 청춘 회귀다. 통영은 사랑의 감정을 움트게 한 소중한 추억이 서려 있는 마음의 고향이다.

뉘라서 날 늙다던고 늙은이도 이러하다
꽃 보면 반갑고 잔 잡으면 웃음 난다
추풍에 흩날리는 백발이야 낸들 어이하리요
-김정구(연산군 때 사람)

숲길에서
나무 나이테를 보며

올겨울 제주도에는 유난히 눈이 많이 내렸다. 산간과 성산 지역에는 더 많이 내렸다. 폭설에 강한 북서풍이 불어와 몇 년 만에 맞는 추운 날씨였다고 한다.

모슬포와 중문, 서귀포 지역은 간간이 눈발이 날렸다. 하루에도 수없이 변화무쌍한 날씨를 보며 한라산이 제주도에 미치는 영향이 얼마나 큰지를 실감했다.

제주도 올레길

나이 들어서 수도권 지역에서는 영하의 날씨에 눈까지 내리면 감기와 낙상이 염려되어 옥외 활동이 제한을 받아 즐기는 걷기도 마음대로 못해 겨울나기가 지루하고 힘들어졌다. 몸은 무거워지고 몸 컨디션이 저하되는 것을 느끼면서 몇 년 전부터 겨울은 국내에서 좀 더 따뜻한 곳에 가서 지내볼 생각을 해왔었다. 생각 끝에 금년 겨울에 제주도 모슬포 지역으로 내려와 자리를 잡았다.

서울이 영하 15도 이하로 내려가도 이곳 서남쪽 해안은 영하로 내려가지 않는다. 그러나 강한 바람이 불어 겨울옷에 모자를 쓰고 목도리와 마스크까지 챙긴 완전무장 차림으로 매일 올레길을 걸었다. 영하의 추위를 피하여 왔으니 내려온 목적을 달성하기 위하여 오후 2시부터 5시까지 하루 3시간은 해안의 올레길을 걸었다.

구름이 끼었다가 눈발이 날리고 햇빛이 나는 종잡을 수 없이 변덕을 부리는 날씨였지만 무념의 상태에서 걸었다. 바다를 바라보며 빠른 걸음으로 걸어도 날씨 때문인지 지치지는 않았다.

아내와 둘째 딸 선영이도 묵묵히 걸으며 따라오고 있었다. 가족이 함께 건강하게 걸을 수 있다는 것이 얼마나 감사한지 모르겠다.

올레길 해안가 경관이 아름다운 곳에는 빠짐없이 카페가 자리 잡고 있다. 우리는 늘 카페에 들러 쉬며 커피를 마신다. 운치 있는 카페에서 커피 한잔 마시는 것도 올레길을 걷는 즐거움의 하나이다. 딸 선영이가 카페에서 커피 한잔 하는 것을 좋아한다.

두 달 가까이 겨울철 올레길을 하루 2~3시간씩 걸었다. 좋은 물

올레길의 전망 좋은 카페

마시고 햇볕, 맑은 공기, 세찬 바람을 맞으며 걷는 동안 우리 가족의 몸은 많은 변화가 있었다. 하체 단련은 물론 유산소 운동이 되어서인지 용인 집으로 올라와서도 심신이 최적의 좋은 컨디션으로 유지되었다.

올레길을 걸으며 보이는 확 트인 넓은 바다, 해안가 기기묘묘한 검은색의 현무암, 절벽과 해안을 따라 난 올레길, 눈 덮인 한라산 정상, 해안가에 자리 잡은 아름다운 집들은 이국적인 경관을 느끼게 한다.

간혹 나타나는 해안가 푸른 숲길은 여유롭게 쉬어가며 즐겁게 걷는 길이다. 때로는 무념과 사색을 하며 걷는 성찰의 시간이 되기도 하였다.

지난겨울 제주도 생활의 여운이 가슴에 남아 봄이 찾아온 4월에 왔

해안 올래길 현무암

해안올래길의 숲길을 걷다.

었고 여름철에는 2개월간 여름을 보내기로 하고 7월 초에 다시 내려왔다. 이번에는 해안가 올레길보다 한라산 숲 둘레 길과 자연 휴양림을 걸었다. 겨울철 한라산은 눈 속에 파묻혀 있었는데 여름철 한라산은 초목이 무성한 숲이다. 나는 숲속을 좋아한다. 숲은 생기가 있는 시원한 쉼터이다. 숲은 동식물이 함께 살아가고 있는 생태계의 보고이다. 숲은 생물들이 생성되어 살아가다成住 세월이 흐르면 소멸되는 壞空 성주괴공成住壞空이 끝없이 이어지는 생명이 생동하는 소우주이다.

숲길을 걸으며 숲속에서 만나는 식물들을 유심히 살펴보면 자기들마다 각각 다른 아름다운 자태를 자랑하고 있다. 쉼터에 앉아 눈을 감으니 정신이 맑아지면서 상상력이 날개를 펴 떠오른다. 몸은 늙어가나 마음은 젊어지는 느낌이다.

숲은 생기가 발산하는 곳이다. 검푸른 여름의 숲은 마음과 정신을 풍성하게 해준다.

여름 숲길

사려니 숲길

사려니숲길은 붉은 오름 입구에서 사려니 오름까지의 약 15㎞ 숲길이다. 완만한 경사 길로 가족들이 함께 산책하기에 편안한 길이다. 연인들이 사랑 이야기 나누며 걸어가기에 더할 수 없이 좋은 길이다.

전형적 온대 삼림인 숲길에는 졸참나무, 서어나무, 때죽나무, 단풍나무 등 천연림과 식목 조성된 삼나무, 편백 나무 등 다양한 나무들이 자라고 있어 에코 힐링eco-healing을 체험할 수 있는 '치유의 숲'이다.

중간에 500m 정도의 삼나무 숲속 산책길에는 삼나무가 하늘 높이 뻗어 빽빽이 들어서 있었다.

간혹 톱으로 베어 놓은

삼나무 숲길

굵은 나무가 숲길에 눕혀져 있었다. 나무 밑둥치에는 나이테가 선명하게 나타나 있다. 나이테는 그 나무의 생존 역사를 말하고 있다.

박상진 교수가 쓴 《역사가 새겨진 나무 이야기》에서는 나무와 나이테에 대하여 상세히 설명하고 있다.

나무는 심재心材와 변재邊材가 함께 서로 보완하며 생존한다. 식물학자들에 의하면 변재는 껍질 바로 안 나무지름의 10분의 1 정도에 해당하는 부분이라고 한다. 광합성으로 만들어진 양분을 저장하고 물과 물에 녹아있는 무기염류를 나무 꼭대기로 올려보내 나무의 생명을 유지하게 하는 역할을 한다.

심재는 변재가 자기 역할을 다하고 죽은 세포로 형성된 동심원의 중심 부위다. 나무가 쓰러지지 않고 곧게 유지되어 성장할 수 있도록 중심을 잡아주는 역할을 한다. 단단하여 곤충의 침입이나 부패를 견딜 수 있게도 하여준다.

변재는 새로운 표층이 생성되면 사명을 교체하면서 세포가 죽어 심재로 되어간다. 이때 나이테가 하나씩 생기게 된다. 이와 같은 심재와 변재의 조화로운 역할로 나무는 계속 성장하게 된다.

숲길에서 하늘을 향해 뻗어 올라간 잎이 무성한 나무들과 쓰러진 나무의 나이테를 보면 삶의 진리를 일깨워 준다. 가정이나 사회에서 연륜을 쌓은 노년층과 연부역강年富力强한 젊은 세대가 조화를 이루며 살아간다면 풍성하고 활기찬 삶이 된다는 교훈을 얻게 된다.

나이 7·80은 노년이지만 격동기에 국가의 발전과 안녕을 위한 일념으로 일하며 살아온 세대이다. 지금도 마음은 젊은이 못지않은 열정을 지니고 미래 국가의 존재를 염려하며 젊은 세대들을 주시하고 있다. 불안해하면서도 희망을 품고.

철학자 키케로는 말했다.

“젊은이들이여, 우리 함께 가자, 당신들은 새로운 기운이 있고 우리에게는 경험과 지혜가 있다.”

쇼펜하우어는 ‘사랑과 슬픔의 철학’에서 청년 시대의 특징은 관찰이며 노년 시대는 사고思考가 중심이 된다. 따라서 전자는 시적인 시대이며 후자는 철학적인 시대다. 발명과 창조는 청년의 특징이고 사물을 판단하고 해명하며 진실과 뿌리를 캐내는 역할은 노년의 몫이다.

인간의 온전한 삶을 위해서는 시적 시대와 철학적 시대가 모두 필요하다고 말했다.

우리나라는 노인이 차지하는 인구 비율이 급속히 늘어나고 있다. 이제 노인의 역할과 인식이 사회에 미치는 영향도 비례적으로 커지고 있다. 통상 65세 이상 인구 비율이 7% 이상이면 고령화 사회, 14% 이상은 고령사회, 20% 이상은 초고령사회 등으로 구분된다. 한국의 고령화율은 2011년 11.2%에서 2015년 13.1%로 4년 사이에 1.9%가 늘어났다. 세계에서 가장 빠른 속도로 고령사회가 되어가고 있는 것이다.

청장년의 역할 못지않게 노인층의 역할도 커지고 있다는 의미이다. 사회의 뒤안길에서 관망만 하는 시대가 아닌 노익장이 필요한 시대이기도 하다. 무기물처럼 되었으나 나라의 뼈대는 바로 세워야 하지 않겠는가?

나라의 번영과 발전은 연부年富한 젊은이의 몫이지만 나라를 바르게 세워 유지하는 데는 경륜과 경험이 있는 노인들의 판단도 한몫한다.

숲속 길에서 나무의 나이테를 바라보면서 국가가 당면한 난제들을 해결해 나가기 위해서는 세대 계층 간 반목이 아닌 존중과 소통의 조화가 중요하다는 울림이 파도가 되어 가슴속으로 밀려들고 있다.

추억이 있어 행복한 완도 여행

아침 일찍 서둘러 차를 몰고 집을 나섰다. 완도에서 출발하는 카페리를 타고 제주도로 가기 위해서이다. 겨울나기를 위한 제주도 여행이 1년간 현지에서 살아보자는 여행으로 발전한 것이다. 연 1~2개월씩 4~5번 정도 제주도에서 지낸다.

제주도로 가는 뱃길은 완도에서 100㎞로 가장 가깝다. 하루 3번씩 한일 카페리가 운항하고 있다.

자동차에는 1~2개월을 지낼 짐을 가득 실었다. 즐거운 마음으로 아내와 둘째 딸과 함께 고속도로를 주행하다가 정안 휴게소에 들어갔다. 버스 환승역이라 그런지 휴게소에는 사람들이 북적거리고 있었다. 딸 선영이는 고속도로 휴게소에서는 반드시 커피를 마시고 호두과자를 사서 먹는 습관이 있어 아침 식사를 한 후 커피도 한잔 하고 호두과자를 샀다. 렌터카로 세계 여행을 하며 느끼는 것은 고속도로 휴게소 문화는 우리나라가 세계에서 가장 발달했다는 점이다. 각종 먹거리와 깨끗한 화장실, 이용객들의 질서 있는 행동이 휴게소 문화를 발전시켰다.

서천, 공주 고속 국도를 지나 동서천에서 서해안 고속 국도를 경유하며 함평 휴게소에서 잠시 쉬었다. 목표 입구 죽림 분기점에서 남해고속 국도로 진입한 후 영암 IC에서 국도로 나와서 해남을 거쳐 완도 여객터미널에 도착하였다.

지금은 자주 다니다 보니 익숙해졌으나 완도는 나에게 좀 생소한 지역이었다. 서울에서 먼 거리이기도 하지만 남도 여행을 하여도 잘 가지지 않는 지역이었다.

10년 전쯤 죽마고우 5가족 10명이 차 3대로 분승하여 해남 땅끝마을에서 배를 타고 보길도로 여행하여 3박 4일간 민박을 한 적이 있다. 당시에 해남의 대흥사와 윤선도가 귀양살이하던 집을 돌아보고 보길도로 향하였다.

보길도 가는 바다에는 미역, 다시마, 전복 양식장이 깔려 있어 배는 그 사이 통로 뱃길로만 운항하게 되어 있었다. 양식 전복은 청정 지역에서 양식한 미역, 다시마를 먹고 자란다니 자연산 전복보다 더 깨끗하고 영양가가 있다는 것을 눈으로 직접 보고 믿게 되었다. 보길도의 전복 판매점에서 20만 원어치를 샀는데 그 양이 엄청 많아 10명이 2일간 실컷 먹었던 추억이 있다.

보길도의 '보길'이라는 명칭은 섬 내에 명당자리가 11구가 있는데 10구는 이미 사용돼 있고 나머지 1구도 이미 쓸 사람이 정해져 있다는 뜻十用十一口, 甫吉으로 보길도라고 부른다고 한다.

보길도는 고산 윤선도가 1636년 병자호란 당시 배를 타고 제주도로 가던 중 태풍을 만나 이곳에 들렀다가 수려한 산수에 매료되어 부

윤선도시인 (출처: wikimedia)

용동에서 10여 년을 머물면서 세연정, 낙선재 등 건물 25동을 짓고 전원생활을 즐겼다고 한다. 그의 유명한 '어부 사시도', '오우가'는 이곳에서 지었다.

윤선도가 머물던 곳과 1㎞ 넘게 펼쳐진 자갈밭, 상록수가 어울려진 해변, 공룡알 해안을 따라 아내와 함께 우리의 젊은 시절을 회상하며 젊은 연인들같이 손을 잡고 걸었다.

바닷가에는 '글 씐 바위'라는 바위가 있다. 바위에 음각으로 새겨진 오언절구의 한시가 있는데 이 한시는 조선조 숙종 때 우암 송시열이 숙의 장 씨(장희빈)의 아들 세자 책봉을 반대하는 상소로 왕의 미움을 사 제주도로 귀양 가던 중에 보길도에 머무는 동안 백도리 끝에 있는 병풍 같은 이 바위에 자신의 신세를 탄식하여 쓴 글이다.

고려 때는 최영 장군이 탐라국을 평정하러 가다가 정박했던 곳이 보길도라고 하니 그 당시에도 제주도 가는 뱃길은 완도가 가장 가까운 곳이라는 것을 알고 있었던 모양이다. 보길도 앞의 큰 섬이 노화도인데 당시에는 뱃길이었지만 지금은 다리로 연결되어 있어 섬이지만 육지 같은 섬이다.

보길도에서 4일간 지내는 동안의 옛 추억이 내 안에 아름답게 담겨있다. 완도는 섬이었지만 다리로 연결되어 육지나 다름없다. 완도군은 265개의 크고 작은 섬들만으로 형성되어 있는 행정구역이다.

완도 수목원

이 가운데 10개 정도의 큰 섬을 선정하여 섬의 지역 특성을 살리는 관광 자원 개발을 위해 노력하고 있다.

초행길이었던 10년 전과는 달리 이제는 제주도를 오가며 머물다 보니 섬과 산과 바다로 둘러싸인 정감 있는 자연환경이 친숙하게 느껴진다.

완도 수목원 리조트에 숙박하며 아침, 저녁으로 수목원을 산책하기도 했다. 이 수목원은 전라남도에서 운영하는 공립 수목원으로 산과 바다가 어우러져 있고 우리나라에서 내가 가본 중에 가장 넓은 수목원이다.

수목원을 감싸고 있는 상황봉(644m)과 제1, 2, 3 전망대를 따라 아열대 온실, 산림 박물관, 숯 가마터, 수변 데크, 난대림 탐방로가 1시간에서 2시간 정도 소요되는 코스로 동백나무 등 각종 상록 활엽수인 난대림 수목이 자생으로 자라고 있었다. 4월 초의 수목원 산책길에는 빨간 동백꽃이 피고 지는 군락, 화사하게 피어있는 벚꽃, 황칠나무 계곡의 푸른 숲이 조화를 이루어 아름다운 자태로 찾는 사람들을 기다리고 있었다. 이 숲속 길을 걷노라면 몸과 마음이 힐링이 되는 느낌이다.

여객터미널에서 완도 시내를 지나면 해안가 우측에 작은 섬이 있다. 이 섬이 장도이다. 통일 신라 시대에 장보고 대사가 청해진을 설치하고 해적을 소탕한 곳이다. 그리고 중국과 신라, 일본을 잇는 삼

장보고 동상 (출처:wando.go.kr)

각 구역의 중심지로 우리나라 최초의 무역 전진 기지이자 군사 요충지이다. 현재 유물 발굴과 복원 공사가 한창 진행되고 있다. 장좌리에는 장보고 공원과 장보고 기념관이 있고, 바다를 바라보고 있는 장보고 동상이 서 있다.

반대편 해안가에는 청해 포구 드라마 세트장이 설치되어 있다. 해상왕 장보고 대사의 일대기를 담은 특별 기획 드라마 '해신'을 촬영한 곳이다. 이 드라마 세트장은 '대왕 세종', '해적', '명량', '신돈', '김수로', '대조영', '정도전', '추노', '주몽' 등 다양한 사극 드라마와 영화의 촬영지이기도 하다. 우리는 이 드라마 세트장을 돌아보며 역사 현장에서 주인공이 된 기분으로 활보를 해보기도 하였다.

청해포구 드라마 세트장

당리언덕길 (출처:영화 서편제 中)

청산도는 완도 여객터미널에서 여객선으로 50분 거리인 19.2㎞ 떨어진 곳에 있다. 산, 바다, 하늘이 모두 푸르러 청산이라 이름 붙여진 작은 섬이다. 영화 '서편제'에서 당리언덕길을 따라 세 사람(유봉, 송화, 동호)이 걸으며 판소리를 하는 장면을 촬영한 곳이다. 나는 지금까지 그 영화 장면이 인상 깊게 남아 있어 청보리밭을 거닐며 노래 한 곡조 읊어보았다.

걷기 여행자에게 필수 방문지가 된 이 섬은 제주도의 올레길, 지리산의 둘레길과 같이 청산도 슬로길Slow Road이라고 명하여진 11개의 코스를 갖추고 있다. 2011년에 국제 슬로시티 연맹은 청산도 슬로길을 세계 슬로길 1호로 공식 인증하였다고 한다. 그런데 나는 7년이 지난 이제야 그 사실을 알게 되었다. 여행하게 되면 새로운 사실을 알게 되는 경우가 많다.

몇 곳을 천천히 걸으며 섬의 정취를 더디 보며 더디 느껴지는 슬로여행의 진수를 즐기면서 여유롭게 다녀 보았다. 파란 바다와 산, 구들장 논, 돌담길 등은 슬로시티 청산도의 관광 자산으로 여행자들에게는 쉼터와 여행길 안내자 역할을 한다.

청산도

청산도에는 여행자들이 당리 언덕길과 구불구불한 옛 돌담으로 채워진 상서마을과 신흥마을, 풀등 해변, 해송 숲이 어우러진 아름다운 지리 해변을 따라 걷고 있었다. 길마다 길에 걸맞게 어우러진 풍경과 사연이 있는 청산도 11개 슬로길 전체 코스는 총 42㎞이다. 완주하려면 2박 3일이 걸린다고 한다. 이 길을 걷는 여행자들은 걷는 것이 즐거운지 표정들이 밝다. 현재 보고 느끼는 자연과 함께하는 행위 자체만으로도 보람과 만족을 느끼기 때문인 모양이다.

5월 초에는 동기생들이 부부동반으로 완도의 생일도에 갔다. 생일도는 강진에서 고금도를 지나 약산도 당목항에서 카페리로 30분 거리에 있다. 고금도와 약산도가 지금은 다리로 연결되어 있고 섬들은 고금면, 약산면, 생일면, 청산면, 보길면, 노화면 등 면 소재지로 부르고 있다. 생일도의 리조트는 금곡 해수욕장을 품고 있다. 해변을

생일도 산책로에서

따라 데크 로드와 숲길로 산책로가 이어져 있다. 파란 바다와 바다에 떠 있는 듯한 섬들을 바라보며 나무숲에서 뿜어내는 공기와 시원한 바닷바람을 쐬면서 추억어린 정다운 이야기를 나누며 걸었다.

저녁에는 우리를 초청한 완도 출신의 동료가 전복과 회로 푸짐하게 성찬을 내놓아 술 한잔 하며 담소를 나누었다. 20대 때 만났던 50년의 우정을 정답게 나누며 시간 가는 줄 모르게 지냈다.

10년 전 잠시 스쳐 지나갔던 완도였는데 금년 한해에 카페리로 제주도로 가기 위하여 네다섯 차례 왕복하며 머물다 보니 이제 완도는 정겹게 다가왔다.

인간관계도 자주 만나고 관심을 가지면 친숙해지고 가까워지지만 친하게 지냈던 친구도 만나지 않으면 멀어져 기억에서 점차 사라져 간다.

눈에서 멀어지면 마음이 멀어진다고 한다. 나이 들어가면서는 더욱 그러한 것 같다. 가능하다면 모임에도 자주 나가고 함께하는 시간을 갖는 것이 좋은 줄 알면서도 마음과 생각이 나태하여 만남 자체를 귀찮아하고 혼자 외롭게 지내는 사람들을 보면 안타까운 생각이 든다.

어떻게 살아가는 것이 좋은 삶이고 행복한 삶인가?

좋은 관계가 좋은 삶을 만드는 것일진대, 삶을 행복하게 만드는 것은 바로 우리 곁에 있는 사람들이 아니겠는가?

오늘날 스마트 폰과 노트북으로 인해 혼자 놀이에 빠져 인간관계가 소홀하게 되는 경향이 있다. 가족이나 친구들과 함께 종종 야외로 나가 자연과 벗하며 대화하는 시간을 갖는 것이 좋은 관계를 만들고 이를 유지해 가는 쉬운 방법이다.

함께하는 여행은 좋은 관계를 맺게 하며 아름다운 추억거리를 만들게 한다. 이 추억은 오랜 세월이 흘러도 같이 회상하며 대화를 나누는 소재가 되어 행복을 만드는 원천이 되기도 한다.

제주도를 오가며 만난 완도의 여러 섬의 풍광과 여행길에서 만난 일들은 우리 가족에게 좋은 관계를 갖게 하며 건강하고 행복한 삶을 살아가도록 인도해 주고 있었다. 완도 여행은 우리 가족의 행복 여행이었다.

자연 생태계의 보고 오름과 곶자왈

제주도 1년살이 집에서 살면서 겨울(1, 2월)과 봄(4월)에는 주로 해안가 올레길을 걸었다. 겨울에는 산간 지역에 눈이 많이 쌓여 있어 들어갈 수가 없다. 겨울 해안가 바람은 세차지만 따뜻한 햇볕을 받으며 걸었고 봄에는 시원한 바람을 쐬며 걸었다.

여름(7, 8월)철이 되어서는 중산간 숲속으로 들어가 걸었다. 제주도에는 오름과 곶자왈, 자연 휴양림, 치유의 숲, 한라산 둘레길 등 숲길이 많이 있다. 여름철에는 육지보다는 습하지만 바람이 불어 시원

자연휴양림을 걷다.

하다. 숲속은 살결을 스치는 바람과 나무에서 품어내는 나무 향이 기분을 상쾌하게 해준다.

거문 오름은 오름 용암 동굴 무리의 모체로 해발 456m이고 둘레는 4,554m이다. 이곳에서 10㎞를 3시간 30분 동안 걸었다.

깊이 팬 분화구 안에 작은 봉우리가 솟아있다. 이 분화구에서 분출된 현무암질 용암류가 해안으로 흘러가 벵뒤굴, 만장굴, 김녕굴, 용천 동굴, 당처물 동굴이 생성되어 용암 동굴계가 형성되었다.

거문 오름 용암 동굴계는 2005년에 국가 지정 문화제(천연기념물)로 지정되었고 2007년에는 유네스코 세계 자연 유산에 등재되었다.

제주도에는 오름의 수가 368개나 있다. 한라산이 주봉이라면 오름은 용암이 옆으로 뿜어져 나오며 생긴 화산으로 기생 화산이라고도

거문오름 정상에서 바라본 주변의 오름들

한다. 작은 용암 분출구이지만 각각 독립적으로 형성되어 분화구가 있는 동산 같은 낮은 산봉우리 형상이다. 수많은 오름은 저마다 다른 모양을 보여주고 있어 가능한 한 많은 오름을 올라가 보기로 하였다.

거문 오름 탐방로는 정상 코스(1.8㎞, 1시간), 분화구 코스(5.5㎞, 2시간 30분), 전체 코스(10㎞, 3시간 30분 소요)가 있는데 전체 코스를 선택하여 걸었다. 분화구 코스까지는 자연 문화 해설사가 동행하나 마지막 1시간은 자유 탐방이다. 거문 오름 분화구 정상(456m)에 올라가 주변의 오름을 보면 수많은 오름이 오름 너머 오름으로 겹쳐져 시야에 들어오고 낮게 깔린 구름과 조화를 이룬 경관이 신비롭기까지 하였다.

거문 오름 출입은 사전 예약제로 1일 450명으로 제한되어 있으며 해설사가 동행하여 30분 간격으로 탐방한다. 12시 30분에 출발한 우리 일행 30명 중 반은 여행 시간 문제로 정상 코스까지 돌고 돌아가고 15명만 분화구 코스로 들어갔다. 분화구로 내려가니 길 안쪽에는 1970년대에 조림한 삼나무 군락지가 형성되어 있었다. 삼나무 군락에는 타 식물들이 자랄 수가 없어 생태계 보전을 위하여 군데군데 삼나무를 벌목하여 방치해 두었는데 이 지역에 각종 자생 나무와 풀이 자라 저마다 꽃들을 피우고 생존하여 또 다른 숲을 이루고 있었다.

한 수종의 나무만으로 형성된 숲보다 각종 나무와 풀, 꽃이 함께 공존하는 숲을 보면서 우리가 살아가는 사회와 같다는 생각이 들었다.

분화구 코스는 데크로드와 야자수 매트가 깔려있어 편안하게 걸으면서 숲 해설사의 설명을 들으며 나무숲을 살펴보았다. 곳곳에 있는

산수국

풍혈이 에어콘 효과를 내어주었다. 용암 함몰구에는 연중 온도와 습도가 일정하게 유지되어 겨울에도 울창한 숲을 이룬다고 한다. 하얀색, 보라색의 예쁜 자태로 피어있는 산수국과 으름덩굴에는 열매도 열려 있었다.

때죽나무와 산딸기나무가 서로 비틀며 하나의 나무가 되어 올라가는 연지목도 눈에 띄었다. 분화구 안에는 관심을 가지고 자세히 들여다보면 흔히 볼 수 없는 각종 난대림과 꽃들이 보이고 화산 바위 사이에서 자란 나무에서는 생존을 위한 몸부림 흔적도 보인다.

분화구 곳곳에는 일본군이 만든 갱도 진지가 있다. 태평양 전쟁 당시 게릴라전을 대비하여 준비한 것이라고 한다. 6·25 직전 암울했던 제주 4·3사건의 상처를 보는 듯했다.

분화구내의 갱도진지

딸 선영이가 여행자들과 함께 어울려 해설사의 설명을 진지하게 듣는 모습이 대견해 보였다.

마지막 1시간 자유 탐방로는 8개의 용(龍)을 오르내리는 조금 힘든 코스다. 우리 부부는 딸과 함께 천천히 오름 숲속을 즐기며 걸었다.

자연 안에 있으면 몸과 마음이 강건해지는 듯한 느낌이 든다. 그래서 그런지 딸은 숲길을 2~3시간 걷고 나면 표정이 한결 밝아진다. 땀을 흘리며 걷고 난 후의 성취감이 긍정적인 에너지가 되어 생각이 활성화되고 마음이 차분해지는 모양이다. 우리 부부가 딸과 함께 여행하면서 산과 숲을 찾는 이유이기도 하다.

붉은 오름과 말찻 오름에 갔다. 붉은 오름의 정상 등반길, 말찻 오름길은 휴양림의 숲길과 데크로드로 연결되어 있다. 가파른 곳도 있으나 정비가 잘 되어있어 편안하게 다닐 수 있었다. 휴양림 숲길은 해송림과 삼나무림으로 조성되어 있었고 오름 올라가는 숲에는 때죽나무, 단풍나무 등 낙엽 활엽수가 자생하고 있었다.

오름전망대에서 바라본 제주도경관

전망대에 올라 보니 넓은 대지와 분화구에 말들이 모여 있는 목장과 한라산이 시야에 들어왔다.

7월 중순이 되어 숲 밖은 폭염주의보가 내려 외부 활동을 자제하도록 하라는 방송을 듣기도 하고 안전 문자 메시지도 오지만 오름 숲길은 나무 향을 실은 바람이 시원하게 불어와 딴 세상이다.

절물 오름은 절물 자연 휴양림을 거쳐 올라간다. 입구부터 펼쳐진 쭉쭉 뻗은 삼나무 숲에서 시원한 바람이 불어온다. 이곳 휴양림에는 눈 내린 2월, 꽃피는 4월에 왔었고 무더운 여름철이 되어 또다시 찾아왔다.

5·16 숲길을 통과하여 사려니 숲 입구를 지나 휴양림까지의 삼나무가 울창한 숲길 도로는 최고의 명품 길이다. 우리는 사려니 숲길과 숲길이 많은 절물 자연 휴양림이 인접해 있어 자주 이곳에 와서 숲길을 걸었다.

절물오름의 장생의 숲길

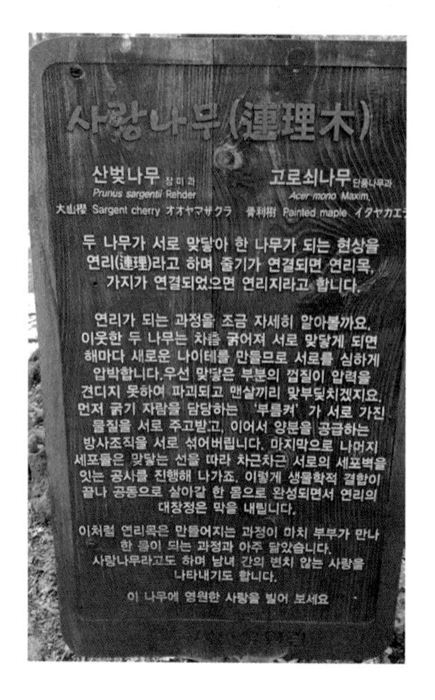

절물 자연 휴양림의 삼울길과 생이 소리길은 나무 계단 길로 삼나무 숲과 울창한 활엽수 숲이 하늘을 가릴 정도의 터널을 이루고 있어 단체 관광객들이 많이 찾는 편안한 길이다.

장생의 숲길은 노면이 흙으로 되어있으나 경사는 심하지 않다. 숲을 따라 꾸불꾸불하게 만든 길로 길이가 11.1km이다. 중간에 삼나무 숲길이 4km나 이어져 있다.

이 길에는 복수초, 박새, 조릿대 군락지와 독초인 천남성의 윤기

조릿대 군락지

산벚나무와 고로쇠나무의 연지목

있는 넓은 잎들이 반들반들 빛을 내고 있었다. 사랑 나무라고 표지목이 서 있는 한그루의 고목이 범상치 않은 모습으로 서 있었다. 산 벚나무와 고로쇠나무의 연리목이다. 이 길을 오가는 탐방객들이 유심히 보고 다들 인증 사진을 찍고 간다.

숲길은 절물 오름과 나무 계단 길로 연결되어 있어 오름에 올라가 고무 매트가 깔리어 있는 800m의 분화구 순환로를 따라 걸었다. 전망대에서 바라보니 한라산과 주변의 오름이 평지 위에 낮은 봉우리를 이루며 올라와 있는 여러 모습이 제주도에서만 볼 수 있는 경관이다.

절물 오름은 두 개의 봉우리로 큰 봉우리는 표고 697m, 둘레 2,498m이다. 이 오름 기슭에서 자연 용출되어 나오는 물이 오름 입구에 있는 절물 약수이다.

용눈이 오름

장생의 숲길과 절물 오름을 오르내리며 12.2㎞를 5시간 동안 걸었다. 동행한 두 처제가 무릎과 발이 아프다고 하여 여름철 날씨에 무리한 것이 아닌가 하는 미안한 마음이 들었다. 아프다고는 하였지만 그래도 절물 오름에 올라가 제주도 동부의 여러 오름과 넓은 들판의 경관도 보고 12.2㎞의 숲길을 완주하였다는 성취감은 있는 것 같았다.

용눈이 오름은 높이가 247m로 비교적 오르기 쉬운 아담한 오름이다. 생김새가 둥글고 주봉에 기생 화산인 알 오름 두 개가 달려 있으며 용의 눈을 닮은 분화구 3개가 있다. 봉우리와 봉우리를 이어주는 능선이 물결치는 듯 높아지고 낮아진다. 부드러운 능선을 따라 걸으면 마음이 편안해진다. 능선을 따라 사람들이 많이 오르내리며 걷고 있었다. 가을철이니 억새 풀이 피어 정감이 더해졌다.

제주도 자연에 반하여 사진에 목숨을 건 인생을 살다 떠난 사진작가 김영갑은 용눈이 오름을 사시사철 찾아와 사진을 촬영하였다. 그의 갤러리 두모악에는 용눈이 오름의 여러 모습이 전시되어 있다.

용눈이 오름 옆에 있는 다랑쉬 오름(382m)은 제주를 대표하는 랜드마크로 선정되기도 했다.

산 정상의 분화구가 달처럼 보여 다랑쉬 오름이라 부르며 한자로는 월랑봉月朗峰이다. 마치 원추형 삼각뿔같이 생겨 오르기에 좀 힘이 들었다. 정상에 올라 움푹 파인 큰 타원형 분화구에 들어서니 마음이 푸근해진다. 분화구 깊이는 115m로 백록담과 같은 크기이고 둘레는 1,500m이다. 분화구 억새 풀 속에 군데군데 서 있는 소나무 모습이 독야청청하다.

다랑쇠 오름

새별오름

정상에 오르니 제주 동부 경관과 주변의 여러 오름이 시야에 가득 차게 들어왔다. 멀리 성산 일출봉이 보이고 한라산도 바로 앞에 있는 것 같다. 가을철에는 황금빛 억새 풀이 물결치니 더욱 아름다운 풍경이다.

새별 오름은 숙소에서 15분 거리에 있다. 제주 서부를 대표하는 오름으로 높이가 519m이지만 주변의 지대가 높아 그다지 높게 보이지 않는다. 입구에서 20분이면 정상에 오를 수 있다. 급경사 오르막길을 숨을 가쁘게 몰아쉬며 몇 번 쉬면서 올라갔다. 정상에 오르니 동쪽에는 한라산이 보이고 서쪽으로는 차귀도와 비양도가 바다에 나지막한 모습으로 떠 있다.

11월 1일이라서 억새 풀이 하얀 꽃을 피워 바람 부는 대로 날리며 은빛 물결을 치고 있었다. 사람들이 힘은 들어도 이 자연의 아름다운 경관을 보기 위하여 가족 단위로 오르기도 하고 친구들과 혹은 연인들이 손잡고 오르는 모습이 보기에 좋았다.

정상은 말굽형 분화구가 있고 새별이라 부르는 5개의 봉우리가 별 모양을 이루고 있다. 이곳에서 매년 초봄에 열리는 들불 문화제의 억새 불태우는 행사가 유명하여 제주도민뿐만 아니라 전국에서 관광객들이 찾아와 넓은 들판에 인산인해를 이룬다고 한다.

제주도에서 빼놓을 수 없는 것이 곶자왈이다. 모슬포 숙소에서 10분 거리에 제주 곶자왈 도립 공원이 있어 종종 곶자왈에 들어가 숲길을 2시간 정도 걷는다. 이곳 곶자왈은 평지에 형성되어 있으나 숲에

곶자왈

는 가시가 있는 나무들이 얽혀져 있고 거친 돌이 널려 있어 내방자들은 야자수 매트로 조성된 편안한 숲길을 벗어나서는 다닐 수가 없다. 여행객들은 제주도에서만 볼 수 있는 곶자왈 생태계에 호기심을 가지고 살펴보며 다니고 있다.

곶자왈이란 화산 활동 중 분출한 용암류가 만들어낸 불규칙한 암괴 지대로 숲과 덤불 등 다양한 식생을 이루는 곳이다. 곶자왈은 '곶'(숲)과 '자왈'(자갈)의 합성어인 제주어이다. 즉 암괴들이 불규칙하게 널려있는 지대에 형성된 숲으로 다양한 동식물이 공존하여 독특한 생태계가 유지되고 있는 지역을 말한다.

곶자왈은 개간하기 어려워 버려진 땅이다. 그러나 현재는 자연 생태계가 잘 보존되어 있어 자연 자원과 생태계의 보전 가치가 높은 지역이 되었다. 이 곶자왈에는 난대림과 온대림을 중심으로 광범위하게 숲을 형성하고 있으며 다양한 식물이 공생하며 자라고 있다.

곶자왈은 약 180만 년 전부터 화산이 폭발할 때 용암이 쌓이고 쌓이면서 섬 곳곳에 구멍이 숭숭 뚫린 지형이 생기고 이 지형으로 빗물이 내려가 지하 깊은 곳에 저장되기도 하고 낮은 지역으로 내려가는데 이 물을 식수로 이용하고 제주도의 삼다수를 만든다. 돌 틈으로 물이 내려가기도 하지만 반대로 지열이 올라오기도 한다.

따라서 습하면서도 동시에 따뜻하여 한대 식물과 난대 식물이 같이 자라는 곳이다. 곶자왈이 겨울에도 푸름을 유지하는 것은 지열이 미세하게 올라와 온기를 전해주기 때문이다. 겨울철 1, 2월에 곶자왈에서 초록의 숲을 볼 수 있는 이유이다.

곶자왈에 들어가 보면 숯가마 터가 있고 나무들의 수령이 높지 않다는 것을 느낀다. 제주도에는 1970년에야 전기가 들어왔다. 그 이전에는 주민들이 숲으로 들어가 벌목하여 땔감으로 이용하고 숯을 만들기도 하였다고 한다. 따라서 지금의 곶자왈의 나무들은 1970년 이후 인공 조림을 하고 보호하고 있는 것으로 수령이 대개 40~50년 정도이다.

곶자왈 숲은 벌목이 통제되면서 지금은 종가시나무, 녹나무, 구실잣밤나무, 동백나무 등 상록 활엽수림과 때죽나무. 팽나무. 단풍나무 등 낙엽 활엽수림이 공존하며 바위에 뿌리를 내리고 자라는 모습에서 생존을 위한 강인함을 느끼게 한다. 사람들이 잘 들어갈 수 없는 원시림 같은 곳을 사람들이 편하게 디닐 수 있도록 생태 탐방로를 만들어 놓아 지질과 식물을 관찰하면서 다니는 여행자들이 많아지고 있다.

곶자왈 지대의 나무 뿌리

곶자왈은 대부분 해발 200~400m 내외의 중산간 지역에 형성되어 있다. 현재 보존 상태가 양호한 지역이 4곳에 분포되어 있다. 제주 곶자왈 도립 공원인 한경-안덕을 비롯하여 애월, 조천-함덕, 구좌-성산 곶자왈 지대이다.

곶자왈에 들어가 보면 식물들이 햇빛을 받아 살아가기 위하여 자신의 줄기를 다른 나무에 감아 올라가거나 가는 줄기를 뻗어 올리는 생존을 위한 몸부림을 볼 수 있다. 뿌리는 물을 찾아 암괴 속으로 뻗지 못하여 돌을 감고 옆으로 뻗어있고 뿌리 모양도 넓적하게 반은 바위 밑으로 반은 지상으로 내놓은 채 뻗어있다.

나무 기둥에 덩굴이 얽혀 감기며 올라가는 것도 많이 볼 수 있다. 갈나무(칡 나무)는 반시계방향으로 등나무는 시계방향으로 오른다.

두 나무가 오르다 서로 얽히게 되면 X자 모양으로 만나게 되는데 중간에 덩굴이 겹쳐 서로 비비다가 약한 줄기가 먼저 끊어진다. 이런 상황을 갈등이라고 한다. 이렇게 끊어진 줄기가 진 것처럼 보이지만 다시 자라는 덩굴로 인해서 이기기도 하고 지기도 한다.

나무기둥에 덩굴이 X자 모양으로 얽혀올라간다.

살아가기 위한 몸부림이며 생존을 위한 자구책인 것은 사람이 살아가는 과정과 비슷하다는 생각이 든다. 다양한 식물이 살아가기 위하여 스스로 변하고 서로 의지하기도 하며 때로는 상대방을 희생시켜가면서 종국에는 조화를 이루어 넓은 숲을 이루고 있다.

곶자왈 숲에서 인간 삶의 여정이 느껴진다. 나는 종종 이곳을 찾아 천천히 산책하면서 사색하곤 하였다.

오름과 곶자왈에서 변화되는 자연의 조화를 바라보며 자신을 성찰해 보는 사유의 시간을 갖다 보니 자연에서 배우고 깨닫는 삶의 순리와 풍요로움이 마음을 평온하게 이끌어 주었다.

버킷리스트를 찾아 떠난 여정

초판 1쇄 인쇄 2020년 04월 20일
초판 2쇄 발행 2020년 06월 01일
글·사진 박용득

펴낸이 김양수
디자인·편집 이정은
교정교열 박순옥

펴낸곳 도서출판 맑은샘
출판등록 제2012-000035
주소 경기도 고양시 일산서구 중앙로 1456(주엽동) 서현프라자 604호
전화 031) 906-5006
팩스 031) 906-5079
홈페이지 www.booksam.kr
블로그 http://blog.naver.com/okbook1234
포스트 http://naver.me/GOjsbqes
이메일 okbook1234@naver.com

ISBN 979-11-5778-441-7 (03980)

* 이 책의 국립중앙도서관 출판시도서목록은 서지정보유통지원시스템 홈페이지(http://seoji.nl.go.kr)와 국가자료종합목록 구축시스템(http://kolis-net.nl.go.kr)에서 이용하실 수 있습니다.
(CIP제어번호 : CIP2020015960)

* 파손된 책은 구입처에서 교환해 드립니다. * 책값은 뒤표지에 있습니다.